光尘
LUXOPUS

嗨！心理学

年轻人的坏情绪破解手册

［韩］李东龟 著

朱银淑 译

国际文化出版公司

· 北京 ·

图书在版编目（CIP）数据

嗨！心理学：年轻人的坏情绪破解手册/(韩)李东龟著；朱银淑译. --北京：国际文化出版公司，2022. 4

ISBN 978-7-5125-1387-7

Ⅰ.①嗨… Ⅱ. ①李… ②朱… Ⅲ. ①中学生－青少年心理学 Ⅳ. ①B844.2

中国版本图书馆CIP数据核字(2022)第009094号

北京市版权局著作权合同登记号 图字01-2022-0750号

嗨！心理学：年轻人的坏情绪破解手册

作　　者	[韩]李东龟	
译　　者	朱银淑	
责任编辑	侯娟雅	
出版发行	国际文化出版公司	
经　　销	国文润华文化传媒（北京）有限责任公司	
印　　刷	北京中科印刷有限公司	
开　　本	787毫米×1092毫米	32开
	5印张	100千字
版　　次	2022年4月第1版	
	2022年4月第1次印刷	
书　　号	ISBN 978-7-5125-1387-7	
定　　价	49.00元	

国际文化出版公司

北京朝阳区东土城路乙9号　　　　邮编：100013

总编室：（010）64271551　　　传真：（010）64271578

销售热线：（010）64271187

传真：（010）64271187-800

E mail：icpc@95777.sina.net

目录

Contents

Part 1 ‖ 一起成为学霸吧

Part 2 | 我们都是人气王

Part 3

做内心强大的佼佼者

推荐序

　　我学习心理学的时间并不长。与心理学相接触后的每一分每一秒，回想起过往的自己，都不免感怀：在艰辛的求知旅途中，如果我不曾因痛苦而将学习视而不见，如果我能一丝不苟地将目标执行下去，如今的我会不会进入一片更广阔的天地？如果我能够了解到所谓的拖延症并不是我所独有，而是人之常情，是不是能够给疲惫的身心带来一丝丝的慰藉？我想和曾经的自己和解，并告知自己不必因为无用的完美主义而妄自菲薄，却还是不免唏嘘，独自哀叹。

　　有了孩子之后，我真心希望我的孩子们不要再像我一样，因为不了解自己而痛苦。但随着他们一天天地长大，也不得不经历那一段艰难的时期。在这段旅程中，如果有这样一本温暖的书能够陪伴他们左右，那么即使经历成长的痛苦，他们也会坚信自己不会被孤独所吞噬。

在向李东龟教授学习的过程中，我犹爱其教诲之中流露出的温暖与关怀。这本书不仅对心理学理论进行了说明，更饱含了父母对处于成长关键时期的孩子们难以言表的关怀与理解。真想快点儿和孩子们并肩而坐，翻开这本书一起阅读。

崔贤贞

人们总是试图了解别人的想法：那个人为什么会那么做？那句话到底是什么意思？甚至人们还会好奇地问各种奇怪的问题："人们为什么会好奇别人的心思？"这类问题和对周围人的关心是一个人成长过程中不可或缺的。

婴儿通过观察爸爸妈妈的反应来确认自己的存在，并学习如何与别人沟通。比如，当孩子哭的时候，妈妈和爸爸马上向孩子跑去。孩子通过观察爸爸妈妈的表情和对自己的关爱程度，来推测自己的状态和爸爸妈妈的想法。这样的孩子长大后，他就会以充满好奇的心态，向周围的人以及世界学习。

心理学是一门解释和预测人们行为的学问，它能解答孩子在成长过程中所关心的各种问题，并且通过科学的知识来解释人们的心理活动。孩子可以通过学习心理学理解各种问题，比如："我现在的心情为什么会这样？""我的朋友怎么能做出那种事呢？"……孩子也可以通过学习心理学理解日常生活中经常发生的现象，同时也可以学习相应的解决方法。

如果这时候，爸爸妈妈能和孩子在一起学习，那就更好了。这个过程就如同学习骑自行车，刚开始时大部分人都需要爸爸妈妈在后面扶着自行车，孩子说："不能松手！"孩子虽然害怕，但是因为信任爸爸妈妈，就慢慢地往前骑。最后孩子就可以完全脱离父母的帮助，自己独自骑自行车了。

同样，如果爸爸妈妈能够和孩子一起探索奇妙的世界，他们就会更加自觉、放心地去了解、探索这个世界，进而获得成长。只要孩子的自律性提高了，自己就能解决问题了。苏联心理学家列夫·维果斯基（Lev Vygotsky）称这种学习方式为"鹰架理论"（Scaffolding Instruction）。鹰架理论意味着爸爸妈妈要为孩子创造先决条件，并给予引导，以便让孩子在情感和认知上获得成长。

所以这本书特别适合爸爸妈妈和孩子一起阅读，每一句都像在讲故事，每一句都是那么暖心而亲切。另外，本书围绕 30 个心理学关键词展开，所选主题也适用于青春期提前的小学高年级学生、有很多想法的初高中学生以及爸爸妈妈。我们阅读时不必非要按照固有顺序读，从自己感兴趣的部分开始即可，每天只需读一小节，一个月后就会收获满满的心理学知识。

爸爸妈妈即便不了解心理学，也不用担心。这本书并非如其他心理学著作一般有较高的阅读门槛，而是把通俗易懂的心理实验和实际事件联系起来进行阐述，每个人都能感受到学习心理学的快乐。这本书准备了十分丰富的内容，大体由以下三个部分组成：

第一部分内容是为有自学意愿的孩子准备的。让孩子在学习如何正确理解学习和生活中存在的心理学原理的同时，还能学会制订计划、培养毅力。这些内容可以为孩子实现未来的目标打下坚实的基础。

第二部分内容是为想要建立良好关系的孩子准备的。在现代化潮流之下，如今的孩子交朋友也十分谨慎，甚至畏惧交朋友。在这里，孩子将学会如何建立良好关系，感受到亲近感、归属感和社会支持给他们带来的快乐。

第三部分内容是为想要拥有坚强意志力的孩子准备的。当今时代，拥有坚定的信念是相当重要的品质。本书所提及的心理学原理介绍了提升自尊心、自信心和心理治疗等各种方法，将有助于孩子树立坚定的人生信念。

儿童时期的记忆对一个人的成长具有相当深远的影响。儿童和青少年期的记忆都是无比鲜活且强烈的。这两个时期是将强烈的记忆密密麻麻地储存起来的时期，因此，也是培养良好习惯的重要时期。他们可以通过心理学的学习开发适应外界所必需的情感和认知能力，这些能力在日后将成为其创建幸福生活的基础。

积极心理学家芭芭拉·弗雷德里克森（Barbara Fred-rickson）在"积极情绪扩张与构建理论"中指出：积极情绪可以帮助我们开阔思维，从而进行新颖且多样的活动。和爸爸妈妈在一起的快乐时光将会对孩子产生积极作用，会使孩子的生活变得更加充实。

回想一下我们第一次学习骑自行车的时候：为了不让自己摔倒而紧紧地抓住自行车的那双坚定有力的手，即使摔倒也会有人向自己跑过来的安全感，成功瞬间一齐迸发出的欢声笑语。它们一直留在我们的记忆中，从未褪色。

希望这本书能够让爸爸妈妈和孩子进行情绪交流，一起陪孩子成长。就像在睡梦中听到充满爱意的摇篮曲一样，希望在阅读这本书的所有时间里，爸爸妈妈和孩子都能留下这样温暖的回忆。

谨将这本书献给我的妈妈，那疼爱我胜过她自己的妈妈，我无比思念的妈妈。

李东龟

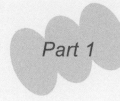

Part 1

一起成为学霸吧

你的生活有"重启"键吗？

2013 年 11 月 19 日，某视频网站发生故障，导致大量用户无法访问。虽然只有 90 分钟，但很多人对此表示了不满。这一事件让人们开始反思：我们有多么依赖这个小小的智能手机。

随着科技发展，我们用智能手机可以做各种各样的事情。你可以浏览有趣的视频，也可以在社交网络上留言或者玩游戏。长此以往，即使和朋友见面时，也不是面对面真实地看着彼此的脸，而是盯着各自的手机。这种体验相信你也常常经历。也许正因如此，会有一些孩子将这手机中的世界等同于自己生活的世界。

2018年韩国曾发生一起交通事故。一个小学三年级的孩子开着妈妈的汽车出去，撞坏了10辆停放的汽车。警察问他是如何想到要开车的。他说平时很喜欢玩汽车游戏，是在游戏中学会了开车。但是游戏和实际驾驶截然不同，他怎么会有开车的想法呢？图像技术再怎么发展，游戏画面再怎么栩栩如生，也不应该有这种想法。但实际上，像这个孩子一样由于过度沉迷于游戏而无法分辨虚拟和现实的青少年越来越多了。

从头再来——复位综合征（Reset Syndrome）

在心理学中，人们将无法区分现实世界和网络世界的症状称为"复位综合征"。这个词于1990年在日本第一次使用，其特点是误认为现实生活中的时间也可以重置，如同电脑死机按"重启"键可以重新启动一样。据说，患有复位综合征的人会有时间可以倒流的错觉，他们认为，自己在现实中所犯的错误可以随时挽回。比如，在玩汽车游戏时，你撞了墙或汽车，要么汽车不停地转圈，要么游戏突然停下来，不停地闪灯，这时，你可以按重启键开始新的游戏。但在现实生活中，每件事情也能像游戏一样可以不断地重新开始吗？

患有复位综合征的人不会为自己的不当行为而感到惭愧，也不会对自己的行为负有责任感。因为他们认为，即使伤害了他人，也可以轻松地扭转局面。他们不考虑自己的不当行为会有什么可怕的结果，甚至可能会变得更加鲁莽。这类人即使遇到了一些小困难，也会有过度回避、从头再来的倾向。

在门户网站上搜索时，一旦互联网连接稍有延迟，就变得急不可耐了，持续地单击"刷新"键；电脑屏幕死机时，毫不犹豫地按下"重新启动"键……如果你有这些情况，则有必要怀疑你是不是患有复位综合征。

即使不在智能手机或电脑前，我们也能确认复位综合征。比如，在学校记笔记的时候某部分写错了，不是修改写错的部分，而是将整张纸全部撕掉，然后重新书写；和朋友吵架，不是努力与朋友和解，而是直接断绝了朋友关系……这些都是复位综合征的表现。

大脑喜欢多巴胺

那么，为什么人们会陷入复位综合征呢？为什么青少年的你容易依赖互联网呢？

青春期是一个人身心成长的时期。处于成长期的大脑适应能力非常强，所以在这个时期如果玩太多游戏，大脑就会适应游戏。你什么时候玩游戏最开心？是不是获得装备或游戏升级的时候呢？这一刻，大脑中产生了一种叫"多巴胺"的神经递质，使我们感觉良好。这时，大脑会改变大脑中的神经元，使其产生更多的多巴胺。结果，我们就总想玩游戏。但是游戏无法预测何时能够获得奖励，所以我们会更沉迷于游戏。这也可看作是大脑的命令，因为大脑总想一直处于愉悦状态。

如果复位综合征的症状比较严重的话，我们的现实感就会大大下降，会让自己甚至其他人陷入危险。如果不想变成那样，我们应该怎么办呢？

要尽量减少上网时间。试着每天玩游戏不超过 4 小时；试着给自己定时间，和自己约定好几点之前就不玩了；试着给自己定场所，规定自己除了在客厅，不准在其他房间玩游戏。这样你就会更容易实现自己的承诺了。

　　如果你的复位综合征已经很严重了，那么你应该向周围的人们寻求帮助。因为你可能会变得根本无法调节自己的情绪，最终自暴自弃。复位综合征加重后，如果你远离网络，大脑会认为维持好心情的行为受阻，所以单凭自己的力量可能很难克服。如果你怀疑自己是复位综合征，一定要说出来。如果你没有这些症状，一切正常，那就让我们一起努力，不要让大脑欺骗了我们！

你是沉默的大多数吗？

　　根据韩国国家统计局的数据，韩国90%以上的中学生都拥有智能手机，好像拥有智能手机就能了解整个世界。但是，与此同时，互联网带来的副作用也不容忽视，其中最严重的问题之一就是恶意评论。各类公众人物因为毫无根据的谣言、无差别的辱骂和诽谤性评论等网络暴力而承受着极大的痛苦。

在匿名的情况下，人们会采取什么行动？

如果保证在线匿名，那样会出现什么情况呢？负面评论或恶意评论会不会增加呢？荷兰心理学家汤姆·波斯特梅斯（Tom Postmes）和瓦·拉塞尔·斯皮尔斯（War Russell Spears）在去个性化理论中提出，如果不暴露自己的身份，就不需要在意别人的想法，这会导致违反社会规范的可能性大大提高。

犯罪心理学家安德鲁·希尔克（Andrew Silke）的研究表明，戴着面具掩盖身份的人更有可能发生破坏公共财产或威胁他人安全的行为。希尔克分析了 500 名在北爱尔兰有暴力罪行的罪犯，他发现犯罪时戴口罩伪装的 206 人更具攻击性和破坏性。相比之下，无伪装的罪犯有 16% 对受害者造成严重伤害，而伪装的罪犯有 24% 对受害者施加了严重伤害。罪犯越是确信身份不会暴露，就越容易采取攻击性的行动。

这在相反的情况下也适用。当人们不认识对方的名字或不知道对方的身份时，更有可能表现出攻击性。斯坦福大学的菲利普·津巴多（Philip Zimbardo）教授通过实验证明，当受害者的名字已知或未知时，施暴者所表现出的暴力程度是不同的。这就是恶意和虚假评论在网上逐渐增多的原因。

恶评对社会的影响

韩国忠南大学心理学教授全祐永研究组做了一项关于"网络评论对评定政客有何影响"的实验。实验组向177名实验参与者提供了"议员×××"的基本信息（如出生日期、身高、体重等），并展示了互联网上对该政客发表的正面评论及负面评论。实际上，这是对假议员的假想回帖。

但是结果是惊人的。不管评论是否妥当，当看到正面评论时，人们就会对其形成正面印象；当看到负面评论时，人们就会对其产生负面印象。特别是看到负面评论的实验参加者表示："不会给那个议员投票。"在分析事实的真伪之前，负面评论对人们的选择产生了强烈的影响。

这些恶意评论和虚假评论为何有这么大的影响力？德国社会学家伊丽莎白·诺尔 – 诺依曼（Elizabeth Noelle

Neumann）指出，这时会出现"沉默的螺旋"。当人们看到自己的观点受到大家的支持时，人们就会认定自己的观点是正确的。相反，人们发现没人赞同自己的观点，甚至遭受到抨击时，就会选择沉默。所以恶意评论和虚假评论会越聚越多，影响越来越大。

你的大脑听话吗？

你有没有过类似的经历：越是努力让自己不要去想某件事，越是去想；越是告知自己"现在不许笑"，越是想笑；越是提醒自己"上课不能走神"，反而因为我们的大脑过度专注于"不能走神"这一想法，越是无法集中精神上课。这种经历不仅你有过，我们每个人都曾有过。精神分析学家西格蒙德·弗洛伊德在他的书《梦的解析》中说："被抑制过的思维总是会反弹。"

越是不让自己去做，越想去做的思维

"挑战一下'不去想白熊'，你将会感受到每分钟浮现在你脑海里的都是那头挥之不去、令人生厌的白熊影子。"

这句话摘自俄罗斯作家费奥多尔·陀思妥耶夫斯基的小说《白夜》。1987 年，美国哈佛大学社会心理学家丹尼尔·韦格纳（Daniel M. Wegner）教授决定亲自验证一下这句话是否属实。他做了一个实验，将 34 名大学生分为两组，每组 17 名学生。他要求 A 组参与者大声说出 5 分钟内脑海中出现的所有单词，并告知："不要想象白熊。"他要求 B 组参与者大声说出 5 分钟内脑海中反复出现的单词，并告知："可以想象白熊。"同时两组参与者都被告知：只要脑海中浮现白熊，就按一下铃铛。你猜，结果如何？被告知不要想象白熊的 A 组按铃次数比 B 组更多。韦格纳研究小组称其为"反弹效应"，即"白熊效应"（White Bear Effect）。这是当我们克制自己别去想白熊时，由于思维出现反弹，大脑会不受控制地浮现白熊而产生的心理现象。

积极寻找可取代的想法

那么，我们有什么办法不去想白熊呢？韦格纳在2011年美国心理学协会（American Psychological Association）年会上提出了有效防止白熊效应的方法。我将告诉你最具代表性的两种方法。

方法1：不去想白熊，转移注意力到其他事情上。比如，当脑海里出现白熊时，你可以分散注意力，去想某一辆具体的汽车。这样你就可以把注意力集中到与白熊无关的事情上，想要做到"不去想白熊"就相对容易多了。再比如，对于一个不能戒掉巧克力的人而言，与其说："必须戒掉巧克力！"不如说："想吃巧克力就吃水果。"

方法2：延迟思考（Delay Thinking）。30分钟后再考虑是一个有效的方法。研究表明，当脑海中浮现白熊形象时，与其抑制自己"不去想白熊"，不如告知自己30分钟后再去想，这样白熊出现的频率会大大降低。

是强迫，还是焦虑？

有些人就是难以消除某种特定的想法，最典型的是那些整日担心门没锁好、怕外面病菌多，整日生活在惶恐中的人，他们每时每刻都被不安、焦虑的情绪困扰着，总是过度担心未来可能将要发生的事情。这种被不安、焦虑极度困扰的症状在心理学中被称为"强迫性思维"（Obsessional Thinking），又称强迫观念（Obsessive Idea）。

这种强迫性思维一旦形成就难以驱除。你越是提醒自己："不能有这种想法，不要感到不安！"这种想法就越会持续地浮现在脑海中，白熊效应就会更加明显。此时，你想要在脑海中消除这一想法就不太容易了。强迫性思维往往会导致强迫行为。比如有的人感觉自己的手上沾满了病菌，过度的焦虑和不安以及清洁欲望会迫使他洗数十次手。

那么，如何区分强迫性思维和日常焦虑呢？我们可以根据"反应"来区分。刚才提到过，强迫性思维会让我们的大脑过度集中于焦虑的情绪，最终会导致强迫行为，这一点是强迫思维和焦虑最大的不同。而日常焦虑是不会让你的行为影响生活的。

我们有什么方法可以阻止强迫行为的发生呢？最重要的就是要学会忍耐。如果你因为担心门没锁好，出门后要转动好几次门把手，那么从现在起，你就要学会忍一忍，即便担心，也不要急着确认。当然，想要一次性改掉原来的习惯很难。我们不妨分阶段地去尝试着改变自己。以前检验门锁需要确认两次的，可以减少到一次；需要确认三次的，可以减少到一两次，以此类推。如果你实在没有耐心了，就可以对自己说："即使门没有锁，也不会有小偷。""没关系，因为房子里没有任何贵重物品可以被盗。"以此来安抚自己。

焦虑无处不在。无论是你，还是家长，都在为日常问题而担忧。和朋友关系疏远怎么办？成绩下降怎么办？这种焦虑和不安虽然令人厌倦，但是它就像信号灯一样，可以指引我们采取适当的行动。如果担心朋友关系不融洽，你可以给朋友发短信。如果担心成绩会下降，你可以选择延长学习时间。事实上，焦虑绝不是问题，关键是我们如何正确地对待它。由于焦虑不容易消除，所以平常我们要通过反复地练习以便更好地掌握应对焦虑的技能。

你被自己骗了吗?

2019 年,法国演员阿兰·德龙在戛纳电影节上获得了"金棕榈奖"。当时,他已是 84 岁高龄。阿兰·德龙是一位著名的演员,曾出演过很多部电影,并在世界各地广受欢迎。在这些作品中最著名的还是 1960 年上映的法国电影《怒海沉尸》(*Plein Soleil, Purple Noon*)。在影片中,阿兰·德龙饰演男主角汤姆·雷普利(Tom Ripley)。心理学术语"雷普利综合征"(Ripley Syndrome)正是源于这部影片中男主角的名字。

将谎言当成事实的"雷普利综合征"

电影《怒海沉尸》改编自美国女作家帕特里夏·海史密斯（Patricia Highsmith）于1955年发表的小说《天才雷普利》。男主角雷普利是一个富有才华和魅力的人物，但同时又是一个危险的人物。雷普利想和富豪菲利普成为好朋友，所以整日跟随着他。富豪菲利普却无视雷普利，只是把他当作自己的小跟班。菲利普的态度激怒了雷普利，并且点燃了雷普利的复仇之火。雷普利一气之下杀死了菲利普。此后，雷普利将自己伪装成菲利普，过起了富足的生活。但这种生活没能持续多久，周围的人发现菲利普不见了，就开始寻找他。雷普利不得不继续说谎。他继续把自己伪装成菲利普，以菲利普的身份联系周围的人，为的就是让大家相信菲利普还活着。突然有一天，菲利普的好朋友弗雷迪（Freddie）来找菲利普。他看到雷普利穿着菲利普的衣服，行为有些异常，就对雷普利起了疑心。雷普利见形势不妙，于是把弗雷迪也除掉了。之后为了让人们相信是菲利普杀死了弗雷迪，他开始精心布置事发现场。日复一日，说谎对于雷普利来说已经变得习以为常了。他不仅习惯性地说谎，还把谎言当成了事实。这部小说和电影很快在全球引起了轰动。像雷普利一样，总喜欢把脑海中虚构的世界当成真实的世界，习惯性地重复虚假言行的症状，被称为"雷普利综合征"。

　　一般人会担心说谎被人揭穿，但陷入雷普利综合征的人不会感到不安，也不会有罪恶感。他们相信自己脑海中虚构的就是现实。为了让自己相信这种虚构是真实的，他们反复说谎，有时还会犯下偷窃和欺诈等罪行。这种情况听起来似乎只有在小说或电影中出现，但 2007 年，韩国也曾发生过"雷普利综合征"事件。韩国一位年轻的美术馆馆长的才华在美术界饱受赞誉，有望成为韩国最大的双年展联合艺术总监。她鼓吹自己在美国耶鲁大学获得了博士学位。但是在遴选双年展联合艺术总监的过程中，她被人们发现学历是伪造的。但是当所有谎言都被揭穿后，她还是一口咬定自己就是在耶鲁大学获得的博士学位。英国的《独立报》(*The Independent*)对此事进行了详细报道，标题为"天才 ×××"，戏仿的正是小说《天才雷普利》。

孟乔森综合征：为了赢得别人的关注而说谎

与雷普利综合征类似的症状还有"孟乔森综合征"（Münchausen Syndrome）。此疾病得名于以 18 世纪德国的孟乔森男爵为人物原型创作的小说《吹牛伯爵历险记》。在小说中，模特儿孟乔森非常健谈，他被描绘成试图通过浮夸的冒险故事来赢得人们关注的人物。

1951 年，英国外科医生理查德·阿什尔（Asher）根据这部小说，将"身体无异常，只是为了引人注目而说谎或自残"的症状命名为"孟乔森综合征"。出现此症状的人往往会为了博得别人的关心和同情而假装生病。最容易出现这种症状的人主要是在小时候因为受到过度保护而自立能力低下的人，以及过度执着于赢得别人关心的人。

雷普利综合征和孟乔森综合征有一个共同点就是说谎，但两者之间也存在差异。有雷普利综合征的人说谎是为了满足自己的欲望，而有孟乔森综合征的人则是为了得到别人的关注而说谎。

我们的记忆并不完美

即使从来没做过某件事，也觉得是自己做的，这种现象你发生过吗？心理学家哈瓦那·托马斯（Havana Thomas）等人在 2002 年的一项实验结果中表明，我们的"想象力"有时会扭曲记忆。研究团队用笔在纸上列出了在纸上写出名字、削铅笔、把勺放在鼻尖上找中心点、把鞋放进塑料袋里等 54 个动作，并且找来 210 名大学生参加实验。研究人员告知学生只做 18 个动作，另外 18 个动作只能想象。至于剩下的 18 个动作是什么，并没有具体要求。

第二天，研究团队要求参与者想象 54 个动作中的一部分。两周后，研究团队把参加实验的学生叫到一起，并询问哪些动作是做过的。结果发现，很多学生自己实际并没有做过某些动作，但说记得曾经做过。这个实验告诉我们，大脑的想象会扭曲我们的记忆。换句话说，我们的记忆并没有那么准确。

但是，这并不意味着我们可以像雷普利综合征、孟乔森综合征人群一样说谎，而是在提醒我们要认清一个事实：记忆会被扭曲，我们的记忆并非 100% 准确。所以我们平常要加强对话、交流，因为我们每个人的记忆都会有出错的时候。

你学习是为了什么呢？

最近你有想实现的目标吗？你的目标是什么呢？心理学将目标大致分为两种：接近型目标和回避型目标。接近型目标是指把提高成绩、考试合格等积极结果作为目标；回避型目标是指把避免成绩下降、考试落榜等负面结果作为目标。那么，我们树立什么样的目标效果会更好呢？

心理学家认为，设定接近型目标比设定回避型目标效果更佳。因为当我们追求回避型目标时，很难产生快乐的感觉。当你一边担心考试成绩下降，一边学习时，就会感到不安，这肯定会影响学习的效果。所以，要想按计划实施，我们最好设定一个接近型目标，而不是回避型目标。

补偿 VS 快乐

向目标前进，需要动机。美国著名心理学家爱德华·L. 德西（Edward L. Deci）和理查德·M. 瑞恩（Richard M. Ryan）将人类的动机大致分为"外在动机"和"内在动机"。因为外部指令或补偿而采取行动时，就是"外在动机"在起作用。外在动机是为了获得赞扬或补偿，与目标本身无关。相反，没有回报，为了目标本身而努力是"内在动机"在起作用。如果打篮球是为了赢得朋友们的好感，那就是外在动机在起作用；如果是为了变得更健康而决心要打篮球，就是内在动机在起作用。

德西和瑞恩坚持认为，当人们出于内在动机行事时，表现会更好。为了证明这一点，德西于 1971 年做了一个实验。实验分为 A、B 两组进行拼图，A 组拼图拼成功后奖励一美元，B 组没有任何奖励。第二次拼图时，两组都没给任何补偿。乍一看，第一次收到补偿的 A 组可能会更加努力，实际上 A 组因为没有补偿，成功率大幅下降。相反，从一开始就没有得到特别待遇的 B 组反而更加努力地拼图。得到补偿（获得奖励）的 A 组参与者起初虽然很努力，但是一听没有奖励，很快就失去了兴趣。B 组参与者对拼图本身很感兴趣，也很有热情，所以虽然没有奖励，但是他们用兴趣和毅力享受了拼图的整个过程。也就是说，比起金钱这一外在动机，人们在快乐等内在动机的驱动下拼图，更能投入其中。如果人们只是为了获得礼物而学习，那么在没有礼物的情境下，人们很可能就不会努力学习了。因此，学习不能只是为了获得礼物而学，而是要为了获得满意的成果而学。只有这样我们才能长久地认真学习。这不仅适用于学习，还适用于其他目标。如果你在某方面自觉努力了，那么你就成长了很多，向前迈出了一大步。

你的目标实现了吗？

"作心三日。"（三天打鱼，两天晒网）这句话的意思就是：刚下定完成目标的决心，却连三天都坚持不到，也表示完成目标很困难。根据调查结果显示：人们在执行新年计划时，26.9%的人最多坚持一个月，34.4%的人最多坚持三个月。由此可以看出执行计划有多难。

但是，哪有不想好好地执行自己计划的人呢？难道没有能够好好执行计划的方法吗？实际上很多人期待积极的改变，却又讨厌为之付出行动。"想减肥，但是讨厌运动。""想广交朋友，但又难以接近陌生人。"心理学家把这种矛盾行为称为"变化的进退两难"。如果我们想要克服这种两难心理，并且完成目标，到底要怎么做呢？

目标具体化，制定 B 计划

德国康斯坦茨大学心理学教授彼得·高尔威泽（Peter Gollwitzer）指出：与制定的目标相比，"执行意图"（具体实现意图）更加重要。"想通过运动来减肥"（目标），只是想一想这个目标，而不付出行动，是不可能得到改变的。"每天早上 7 点，一边看电视，一边骑 30 分钟室内自行车。不能骑室内自行车的时候，就做 100 个仰卧起坐（执行意图）。"我们需要的是具体的行动计划。甚至连突发情况下怎么处理的计划也要做好。高尔威泽和慕尼黑大学教授布莱斯特（Brandstätter）一起通过实验证明了这一结论。

第一次实验以慕尼黑大学 111 名在读女大学生为研究对象，研究小组让她们分别制订两个在圣诞节假期里要完成的目标，目标实现的难易程度分为简单和困难。简单的目标比如：购买上课教材，阅读小说，给朋友写信等。困难的目标比如：写报告书，找搬家的房子，解决和男朋友的矛盾等。研究小组根据每个参与者的计划里有没有"什么时候""在哪儿""怎么做"等具体的行动步骤来分开评价，并在圣诞节假期结束后，确认参与者的目标完成度。结果显示：对于简单目标，在无具体计划的参与者中能够完成目标的人占78%，在有具体计划的参与者中能够完成目标的人占84%。显然，有具体计划的参与者完成率要稍高一些。不过困难目标的完成效果对比十分明显。在无具体计划的参与者中能完成目标的人占22%，在有具体计划的参与者中能完成目标的人占62%，后者几乎是前者的三倍。通过这一实验我们可以得知：人们在制订具体的行动计划时，不论目标难易与否，完成率都很高，而且目标越难完成，制订具体行动计划的效果就越好。

第二个实验以慕尼黑大学的86名男女大学生为研究对象。研究小组发布了"写一份平安夜（12月24日）怎么度过的报告（2页），圣诞节假期（12月25～26日）结束后马上提交"的课题。参与者分为A、B两组。A组被要求写报告并且需要具体到"何时""何地"，B组则不做任何要求。假期结束后，参与者在12月27日提交报告。A组平均仅2.3天就提交了报告，而B组平均7.7

天后提交了报告。值得注意的是，A组83%的参与者在计划写报告的那天完成了报告，70%以上的参与者在假期一结束就提交了报告。而B组仅32%的参与者按时提交了报告。实验结果表明，制订具体的执行计划让一个小组突出地完成了课题并且按时提交。

宏伟的目标并不是计划的全部。我们还要考虑什么时间、什么地点、怎么做，以及思考当无法按照计划实施时又要怎么做。举个例子，当你立下"和朋友和解"的目标时，要这样做计划："下午6点在学校门口见面，自己引出话题来聊天。如果没按计划进行的话，第二天早上9点给朋友打电话约好新的时间见面。"

在做心理咨询时，心理咨询师通常运用此理论来帮助当事人做出改变，代表疗法就是"现实治疗四阶段心理学技术"（Want Doing Evaluation Plan，即WDEP系统）。请回答下面四个问题：

第一，你想完成的目标是什么？（Want）

第二，为了完成目标，你现在在做些什么？（Doing）

第三，现在你的行为对完成目标有什么帮助？（Evaluation）

第四，如果没帮助的话，你需要怎样的计划？（Plan）

以后需要设立目标的时候，你可以参照这些问题制订具体计划。目标不宏大也没关系，因为从完成小的目标开始，可以慢慢地积累自信。

你会期待更多的奖励吗？

你听说过"胡萝卜和鞭子"的故事[1]吗？"如果你在这次赛跑中进入前三名，就会奖励你 3 万韩元！"这就是"胡萝卜"，即奖励。但是如果无条件地给很多奖励，人就会更努力吗？心理学家认为并非如此。如果一个人的奖励金额从 10 万韩元降至 5 万韩元的话，他是不会比

---

[1] 为了让驴子继续奔跑，眼前挂着胡萝卜，挥动鞭子使驴子继续前行，于是就有了"胡萝卜和鞭子"这一说法。这里的胡萝卜比喻的是补偿（奖励），鞭子比喻的是惩罚。实验证明，要想让胡萝卜和鞭子产生效果，提高工作效率，就要加强奖惩的强度。

一直获得 3 万韩元的人更努力的。

期待获得更多奖励的心

1942 年，美国普林斯顿大学心理学教授利奥·克雷斯皮（Leo P. Grespi）为了研究奖励和执行力之间的关系进行了一组实验。他让老鼠走迷宫，如果老鼠成功地走出迷宫，他就给老鼠食物。他把老鼠分成组，而且给每组老鼠奖励的食物数量不一样，然后观察老鼠能跑多快。奖励的食物数量差别很大，分别为 1、4、16、64。当然奖励多的小组老鼠跑出迷宫用时最短。这次实验再次验证了奖励越多就越努力这一常识性观点。

但是克雷斯皮决定进行一次新的实验。他要观察当奖励一直增加或者减少的时候，老鼠会怎样行动。他把老鼠分为几个组：食物量一直获得 16 的老鼠、从 1 增加到 16 的老鼠以及从 64 减少到 16 的老鼠。结果表明，奖励增加的老鼠虽然获得的总奖励 17（16+1）最少，但速度最快；一直获得 16，总奖励为 32 的老鼠处于中间；奖励虽然减少但是总奖励为 80（64+16）的老鼠最慢。

克雷斯皮通过老鼠实验得出了一个重要的结论："奖励和以前比是否增加"比"总共获得多少奖励"更重要，这一结论被称之为"克雷斯皮效应"。

克雷斯皮发现这个结论同样适用于人类社会。第一次获得很多奖励，之后奖励数量减少，首先心情就会不好。试想一下，一个人的月收入从 800 万韩元减到 600 万韩元的话，心情会好吗？但是月收入从 200 万韩元涨到 300 万韩元的话，心情就不错！这种克雷斯皮效应不仅适用于奖励，也适用于惩罚。

一提到克雷斯皮效应的典型事例，就要不得不说一下美国的"小费"文化。小费就是客人在享受到良好的服务时额外给服务员的奖励。但是服务员却想收到越来越多的小费。所以克雷斯皮从 1940 年开始反对美国的小费文化，但是没有获得特别的效果。在美国加利福尼亚，将食物价格的 10% 作为小费已经成为常态。

有没有更有效的奖励？

当然，人类和老鼠将食物作为全部奖励有所不同，父母也会给我们各种各样的奖励，比如称赞、零食、零花钱、礼物等。2017年，美国行为经济学家、心理学家丹·艾瑞里（Dan Ariely）教授等人在学术杂志上介绍了相关实验。

艾瑞里和研究小组进行了以下研究：他将以色列半导体工厂的156名技术人员作为研究对象，在五个星期中，观察奖励方式对员工业务生产效率的影响。奖励分为三种类型：现金3万韩元、3万韩元的披萨交换券和上司的称赞。

结果发现，与奖励的种类无关，只要给出奖励，员工的生产效率就平均提高了5.7%。所以研究小组又决定探讨奖励种类不同时是否影响员工生产效率的持续性，即观察他们在接受一次奖励后，下一次没有奖励的情况下业绩是否会改变。研究者发现只要不给奖励，员工生产效率就会下降。而且不同的奖励类型对生产效率的影响程度也不同。研究者发现现金奖励对生产效率影响最大（第一次收到现金奖励，第二次没有收到），生产效率下降最多（下降了6.3%），披萨交换券紧跟其后（下降了2.1%），但是收到上司称赞的员工三天内即使没有其他奖励，生产效率也能够维持在平均水准。

钱或者披萨这样的物质奖励虽然一时提高了生产效

率，但是一旦停止奖励，生产效率就会立马下降。与此相反，上司的称赞这样的精神奖励，则可以营造良好的工作氛围，从而维持较高的工作效率。

研究者通过实验得知，还是要遏制单纯的金钱等物质性奖励。因为物质奖励只会让员工期待得到更多的奖励，而且一旦终止奖励，员工的工作效率和工作满意度很大可能会下降。

你可以把零花钱攒下来吗?

相信大家都知道积少成多的成语吧?你身边一定有这样的朋友,一拿到零钱就马上买好吃的、好玩的,巴不得马上把钱用完。另一些朋友则制订计划,把要用的钱和要省的钱区分开来,最后一举两得。如果是你,在这种情况下你会怎么做呢?就此,曾经有人开展了一个"棉花糖"实验。

少吃点?还是忍耐 15 分钟之后多吃点?

这个实验被收录在美国心理学沃尔特·米歇尔(Walter Mischel)的著作《棉花糖实验》中。他首先找了 653 名儿童作为实验对象。在给这些孩子每人一份棉花糖之后，他承诺：如果 15 分钟后谁的棉花糖还没被吃掉，谁就能再得到一份棉花糖。沃尔特发现，最后能经得住 15 分钟棉花糖的诱惑，得到奖励的孩子只占总人数的 1/3。

15 年后，研究人员把参加那次实验的孩子们再次聚集起来，调查了他们的成绩。结果相当惊人，在棉花糖实验中经受住诱惑的孩子成绩明显高于那些没有经受住诱惑的孩子。研究人员指出，这是因为能够成功的人更具有忍耐诱惑与合理规划的能力。

实验的结果不仅告诉我们，自制力是成功的钥匙，也致使人们更加重视对孩子自制力的培养。举一反三，我们也不难预测，那些能忍住诱惑，耐心存钱的孩子比直接花掉零钱的孩子更容易成功。

但是，最近棉花糖实验中的几个疑点被人们提起。

第一，参加实验的孩子们都是美国知名大学斯坦福大学的教授或研究生的子女，相较于父母从事其他职业的子女，他们在更重视学业的家庭环境中长大。这可能成为部分孩子学业优秀的原因。如果换成其他从业人员的子女，或许会有不一样的实验结果。

第二，经历了整整 15 年，能够重新聚集起来展开调查的孩子不到94名。这连当初参加实验总人数的15%都不到，要是将剩余85%的那些孩子也找到，说不定实验结果将截然不同。因此，将这样的调查数据转化为严谨的科学结论，是不太可信的。

第三，实验过程中研究人员告诉孩子们："忍一会儿就再奖励一份棉花糖。"用这种方式来测试孩子们的自制力并不科学。因为有喜欢棉花糖的孩子也有不喜欢棉花糖的孩子。喜欢棉花糖的孩子更愿意忍耐暂时的诱惑来获取下一份棉花糖；相反，不那么喜欢棉花糖的孩子可能觉得吃一份就够了，便没有等待。影响实验结果的因素不仅仅是孩子们的自制力，还有孩子们对棉花糖的喜爱程度。

随着棉花糖实验设计缺陷的暴露，自制力对于成功不可比拟的决定性作用也走下了神坛。但是，为长远价值牺牲小利的"延迟满足"[①]，以及其对"成功"具有一定影响力的观点，还是得到了大家的认可。毕竟，想要完成目标，自制力和自我调节的能力是必不可少的。自我调节是为了达成目标，控制住内心的其他想法，仅进行完成目标必要行为的心理过程，也指在遇到困难时，人

----

① 延迟满足指一种甘愿为更有价值的长远结果而放弃即时满足的抉择取向。

们普遍具有的克服困难的心理特性。

如何提高忍耐性

在力求完成目标时，我们需要自我调节；在发怒或感受到极其强烈的负面情绪时，我们更需要进行自我调节。当怒气上涌时，我们很容易失去控制，如果我们随意发泄愤怒的话，一定会追悔莫及。

当我们发觉自己忍耐性不足，经常做出情绪化的行为时，应该怎么办？不妨试一试，不要马上表现出愤怒或难过的情绪，而是把当下的心情写在便签或日记本上。在我们写字的时候，负面情绪就得到了部分宣泄，慢慢地就能使内心平静下来。

心理学家詹姆斯·彭尼贝克（James W. Pennebaker）每次受父母的负面情绪困扰时，都会用写东西的方式来排解，并且声称在这个过程中得到了治愈。可见，亲笔书写对舒缓情绪最为有效（具体如何操作将在后文详细介绍）。即便是在电脑打字已经广泛普及的当下，亲笔书写便签和日记仍是一种提高自我调节能力的有效途径。

你能做出正确的决定吗？

你有没有听过冬季首尔气象局发布的"汉江封冻"的报道？"汉江封冻"就意味着全长 500 千米的汉江全部结冰了吗？当然不是。如果汉江的（某个）特定地点结冰，气象局会发布汉江封冻的报道。这个特定地点位于首尔铜雀区汉江大桥南端上游 100 米处，被人们称为"汉江封冻观测点"。如果这里被冰层覆盖而看不到向下流淌的江水，气象局就会认定为"汉江封冻"，并发布报道。相反，即使汉江的其他地点全部结冰，只有这个观测点没有结冰，也不能说汉江封冻了。是不是很有意思？

根据基准点来判断的"锚定效应"

　　人们在做出某些判断的时候，往往会有一定的参照物。在判断物体大小的时候，人们也经常和其他物体相比较进行说明，比如人们经常用"像鸡蛋那么大"来形容物体的大小。作为标准的参照物称为"依据标准"或"依据框架"。"像鸡蛋那么大"中的"鸡蛋"便是"依据标准"。依据标准一旦形成，就会影响人们对某件事做出相应的判断，这种现象便称为"锚定效应"（Anchoring Effect）。学者丹尼尔·卡尼曼（Daniel Kahneman）和阿莫斯·特沃斯基（Amos Tversky）通过实验证明了这一现象。人的判断就好比抵达港口的船抛锚后，不能在超过以绳子[①]为半径的地方动弹一样，也会受到最开始提出的参照物的影响。这个参照物就起到了锚的作用，"锚定效应"便得名于此。

　　卡尼曼所做的实验具体情况如下：让参与者解乘法题，不给他们充足的时间去计算，而是让他们进行估值。

――――――――――

① 这里指绑在锚上的绳子。

A 组估算 1×2×3×4×5×6×7×8（升序乘法题）的值，B 组估算 8×7×6×5×4×3×2×1（降序乘法题）的值。这两组题的顺序虽然不同，但是相乘的数值是一样的，所以正确答案也都是"40320"。但是由于计算时间不够，参与者还没来得及算出正确答案，就被要求说出预想的答案。根据实验结果显示，A 组参与者给出的答案中间值（把结果按大小顺序排列，处于最中间的值）是 512，而 B 组参与者给出的答案中间值是 2250。

两组答案出现如此大的差异，是因为拿到升序乘法题的参与者以最初提到的几个较小的数字为参照数值来推测答案，与其相反，拿到降序乘法题的参与者则以几个较大的数字作为参照数值来推测答案。他们根据不同的参照数值来推论结果，也就得到了不同的答案。

小心锚定效应的理由

锚定效应在什么情况下发生呢？它通常在我们要做出某种判断或决定，而相关信息和情报不充足的情况下发生。就像在前面实验中看到的那样，如果在短时间内完成较有难度的计算，我们就很容易以不正确的感觉或直觉作为参照物。

老师给学生的课题打分时，也会很容易受到锚定效应的影响。假设这里有两份课题，一份是期中考试得满分的学生 A 的课题，另一份是得 70 分的学生 B 的课题。根据锚定效应，老师给学生 A 高分的可能性会更大一些。因为期中考试的成绩成了老师判分的依据。

我们在超市里也能看到这种锚定效应。假设超市有卖不出去的 7000 韩元的玩具。在同样的产品价格表上写上 10000 韩元，而在卖不出去的玩具价格表上打个 ×，写上 7 折，以 7000 韩元出售，卖出去的可能性比价格表上只写 7000 韩元的可能性要大。因为人们普遍认为："如果商品打折的话，买到就是赚到。"以 10000 韩元为基准，减免了 3000 韩元，我们的脑海中便产生了"便宜"的想法。

不仅如此，如果柜台前面摆放了很多价格高昂的产品，人们就会想："太贵了，买不起！"而后面如果摆放了价格相对便宜的产品，人们就会认为："这个产品比其他产品便宜，买了就是赚了。"于是客户就会轻松地付钱买单。就这样，超市的锚定效应很容易促进客户的冲动消费。为了合理的消费，我们在去超市之前最好列个购物清单，再去集中购物，这样就可以有效地避免冲动消费。

　　在做出判断之前，我们先认真地想一想，自己目前所掌握的情报资料是否在"诱导"自己，再次反思一下，自己是否对目前的情况做出了客观的判断。这样我们就可以做出较为合理的决定了。

你能一心多用吗？

或许你听说过风靡全球的电视剧《权力的游戏》。2019 年第八季结束后，这部系列电视剧也正式完结。该剧以西方中世纪为时代背景，涵盖了龙和魔法师等情节。虽然这是一部奇幻题材的电视剧，但是剧中的某个镜头却出现了星巴克的一次性纸杯，这样的穿帮镜头也着实荒唐至极。不过，不管是播出前进行最终审核的制作团队，还是播出时观看影片的观众，都未曾察觉到这样的穿帮镜头。这件事成为话题之后，有人调侃说如果星巴克在该剧做了植入广告，估计要支付 25 万美元的广告费。其实，韩国电视剧中也不乏这样的穿帮镜头，甚至还可以看到网友们制作的"穿帮镜头合辑"。但是，在那么多人齐心协力制作的电视剧中，为什么还会出现这样的穿帮镜头呢？

在心理学中，这种现象被称为"看不见的大猩猩"，即人们在过于投入某一件事时，很容易忽略其他事情。

因集中于一件事而错过的东西

1999 年，美国心理学家丹尼尔·西蒙斯（Daniel Simons）和克里斯托弗·查布里斯（Christopher F. Chabris），以 36 名大学生为对象进行了一项实验。在实验中，他们向实验的参与者展现了一段时长为 75 秒左右的街头篮球比赛视频。在视频中，A、B 两队各 3 名球员，分别身穿白色球衣和黑色球衣相互传球、击球。心理学家要求参与者在观看这段视频时记录下白衣球员的击球次数。这是一个相当简单的问题，90% 以上的人都能答对。但是，在视频结束后，研究团队问："有人看到视频中的大猩猩吗？"这时，有接近一半的人回答："完全没有看到大猩猩。"事实上，在视频的中间部分（以 75 秒为基准，大概在第 44 ~ 48 秒之间），有身着大猩猩衣服的人出现在视频中，并像大猩猩一样用拳头捶打自己的胸部，然后离开。所以大猩猩分明是出现过的。但是为什么有这么多参与者表示没有注意到大猩猩呢？真是令人震惊。这种现象被称为"看不见的大猩猩"。

"看不见的大猩猩"这一现象，与我们的注意方式有关。我们注意力的总量是有限的。为了更好地完成要求，参与者会选择性地忽视与课题无关或不需要的部分（即黑衣球员的行动），将注意力集中投入与课题相关的部分（即白衣球员的行动）。这就好像在零花钱有限时，人们只会买需要的东西。这一现象被称为"选择性注意"。

这一现象在现实生活中也得到了印证。2000 年，美国加利福尼亚州就不同城市的行人发生交通事故的比例展开调查。调查结果显示，在行人多的城市，事故的发生比例反而更低。这是因为在行人多的情况下，驾驶员会提醒自己："行人多，一定要注意安全。"驾驶员会更加注意来往的行人，所以事故的发生率就低了很多。或许是因为必须刻意注意才看得清楚。

但是，这样做也存在副作用，对比不受关注的部分（例如穿着大猩猩衣服的人的出现）而言，人们对它们一无所知，如果人们只是集中注意力于一件事情，那么无论周围发生多么严重的事情，都不会意识到。

或许你曾看过丹麦心理学家埃德加·约翰·鲁宾（Edgar John Rubin）在1915年介绍的《鲁宾杯》这幅画。当你看这幅画时，如果注意力集中于白色部分，看到的就是杯子。相反，如果注意力集中于外侧的黑色部分，看到的就是相对的两张脸。注意力关注的部分不同，你看到的画面也不相同，而且每次只能看到一个画面。这就是"选择性注意时，很难看到其他部分"的一个代表性事例。

"看不见的大猩猩"这一现象，反映了大众在进行多重工作时遇到的困难。汽车追尾事件的主要原因被归结于"不注视前方"，虽然眼睛一直注视前方，但是心思放在其他事情上，那一瞬间就有可能和前面的车辆发生追尾。

　　所以，我们一定不可以边走路边玩手机，因为太危险了。

你会在假期最后一晚才写作业吗？

或许你曾经也有过因为把事情都拖到最后，而忙得不可开交、筋疲力尽。比如，考试的前一晚才开始突击学习，再或者总是熬到很晚才写作业。虽然你每次都下定决心："下次再也不拖了，一定要先做完！"但是真的到了下次，你可能还是故态复萌。怎么样，现在心里是不是在想："没错，这就是我！"从心理学的角度，我们将这种症状称为拖延症（Procrastination）。可是，既然是无论如何都要去做的事情，为什么我们总是习惯性地拖延呢？仅仅是因为懒惰吗？

拖延症患者的六大类型

拖延并不仅仅是因为懒惰。美国心理学家琳达·萨帕丁（Linda Sapadin）通过调查咨询拖延症患者20年的时间，将拖延症患者大体分为六种类型。

第一种是"完美主义者"。这类人总想一定要把事情做得很好，因而受到了很多压力，如此下去，一直都未能付诸行动，不知不觉就拖延了。

第二种是"杞人忧天者"。这类人总是有很多无谓的担心，莫名地害怕失败，因此总是畏手畏尾，不肯付出行动。

第三种是"却之不恭者"。这类人不善于拒绝别人的请求，所以必须要做的事情一直在增加，到最后他已经无计可施，只能拖延下去。

第四种是"异想天开者"，换句话说就是"不现实的乐观主义者"。这类人总是天真地以为别人需要做10小时的事情，自己2小时就能做完，所以肆意地浪费时间，故意拖延。

第五种是"叛逆反抗者"。这类人自幼便一直讨厌别人拜托自己的事情，自然而然就拖延了。

第六种是"危机制造者"。在这类人心里，临近截止时间再工作，反而更能感受到生命的意义，结果也会更好。虽然最后这类人，很容易有一种"看吧，别人需要10小时才能完成的工作，我用了3小时就完成了"的自豪感，但与其他人在拖延的本质上并没有太大的区别。

虽然萨帕丁将拖延症患者分为以上六种类型，但是现实中人们常常会同时符合多个类型拖延症患者的特征。

害怕失败的拖延症患者——完美主义者

据统计，全球有 20% 的人患有拖延症。大部分拖延症患者认为，自己拖延是因为懒惰，但实际上，想要尽善尽美的想法，在一定程度上也会导致拖延。这类人刚开始会为了追求完美的事项、完美的计划、完美的成果而非常小心地行事，但是一旦出现失误，就会感觉"完美"出现了裂痕，继而便会抱着一种"爱怎么样怎么样"的想法冲动地做出改变。有实验也证实了这一点。

2017 年，由波兰心理学家米查洛夫基（Michalowski）等人组建的一个研究团队，以患有拖延症的大学生和普通大学生为研究对象进行了一项实验。参与者需要完成一个简单的重复性任务，类似于根据指令举起蓝旗或白旗，做对可以获得"奖励"（金钱奖励），做错也会有"惩罚"（金钱处罚）。实验者则负责观察参与者在整个过程中反应速度的变化。

在做对会获得奖励的情况下，拖延症患者与普通大学生的反应速度相似。但是在做错会获得惩罚的情况中，拖延症患者在回答时明显要多花费 10% 的时间。这是因为拖延症患者抱有"不可以失误"的想法，所以精力会更加集中。这里很有趣的一点是：当拖延症患者发生失误后反应速度的变化。当普通大学生发生失误后，反应速度会有轻微的变化，这是因为失误后需要暂时整理一下心情，重新思考。而拖延症患者一旦失误，即被罚钱之后，其反应速度会一下子变快，这表明他们在"一定要挽回失误"的想法驱动下，表现出了冲动的挽尊行为。

拖延症的"逃离法"

你想克服拖延症吗？那么，请你记住以下四点。

首先，你与其花费太多时间去想怎么避免拖延，倒不如从相关的小事开始行动。比如，考试复习的时候，不要只一味地制订完美的计划表，试着翻开书，把前面的三页读一读。

其次，你在开始做不喜欢的事情时，试着给自己制定一个口令，就像"3，2，1 开始"这样，制定一个具有个人风格的专属口令。

再次，你在制订计划时，以 15 分钟为一个单位，因为小的目标更容易实现，也更可能有条不紊地完成。

最后，把你最应该做的事情贴在家里的冰箱、卫生间门等随处可见的地方，在这样的提醒下，你能更高效地完成任务。

不拖延，你也能做得很好。换句话说，如果你想做得好，就不要有太多无谓的担心。如果你一直把心思放在这上面，始终无法付诸行动，最终也不过是停留在想的层面而已。不管错误是大是小，每个人都不过是会犯错误的平凡的存在。所以，现在你可以先从卸下失误的心理重负开始。

你会害怕失败吗？

在实现某个目标的过程中，我们所采取的态度可大致分为两种。一种人把重点放在发展层面。在这个过程中，人们想的是："要更好地发展。""一定要在这个过程中提升自己的能力。"另一种人是把重点放在不能失败这一层面。在这个过程中，人们想的是："要是失误了怎么办？""结果一定不能太糟糕。"美国哥伦比亚大学教授兼社会心理学学者希金斯·托里（Higgins Tory）将前者的态度命名为"促进定向"（Promotion Focus），后者命名为"预防定向"（Prevention Focus）。虽然我们大部分人同时都具备这两种倾向，但是可以根据两者中倾向较强的一种来辨别自己是"追求发展型"和"回避失败型"。那么这两种态度到底哪一种更有利于我们达到目标呢？

2008 年，英国肯特大学心理学教授约阿希姆·斯托博（Joseph Stoeber）和同事们一起进行了多项小组研究。首先，以拥有相似学习能力的 100 名大学生为对象，测试了追求发展和害怕失败两种类型的倾向水平。追求发展类型的大学生对于"我最大限度地追求卓越""确定目标后，我将会成为一名完美主义者"等问题给予了肯定回答，而回避失败类型的大学生则对"如果事情发展不顺利的话，就会有很大压力""失误的话就会非常沮丧"等问题给出了肯定回答。

然后，研究者发给学生们 7 种类型的试题，让他们自由地选择其中一种进行作答。虽然研究者告诉学生们每种试题的难易程度不同，但是实际上都是相同的试题。那么学生们会如何选择呢？结果，那些追求卓越的倾向越高的学生，越会选择较难的试题。因为他们对自己的能力有很大的信心。相反，那些越害怕失败的学生，越会选择相对简单的试题。

不同倾向性的学生对于人们评价的反应也是不同的。追求发展型的学生在得到"成绩好"的称赞后，会选择比之前难度更高的试题。回避失败型的学生对于"成绩不好"的评价更为敏感，所以，他们在受到否定的评价后，第二次考试时往往会选择难度更低的试题。

研究组根据这种倾向，对实现实际目标是否产生影响也进行了实验。研究组以身体状况相似的 122 名德国大学生为对象，在对他们进行"单腿弹跳投篮"这一技能的初次训练后，实行了四次技能考核。结果，追求发展的倾向越高的那些学生，进球的可能性就越高。相反，回避失败的倾向越高的那些学生，进球的可能性就越低。这两项试验结果都表明，与逃避失败的态度相比，追求卓越的态度不仅可以提高我们的自信心，也更有利于达到目标。

加分提升

斯托博教授也对这两种倾向与精神健康之间的关系进行了研究。以 146 名学习音乐的德国高中生为对象进行研究的结果表明，那些追求发展型的学生自己本身对于任何目标都充满了兴趣和好奇心，而且更锐意进取。另外，就算实现目标的过程中充满了困难，他们也会付出更多的努力来克服困难，直到实现目标。在这个过程中，他们所承受的压力也相对较小。相反，那些逃避失败型的学生在实现目标的过程中主要是受物质补偿等外力驱动，而且在这个过程中他们承受的压力也很大。以204名德国运动选手为对象的另一项研究结果显示，人们回避失败的倾向不仅表现在精神上的不安，而且还很容易出现腹痛等生理反应。

斯托博教授的这些研究结果意味着，在我们追求某种目标时，相比较于采取"做不好怎么办""结果可不能出错"这样的"减分"式态度，更应采取"我会渐入佳境"的"加分"式的态度。只有这样，我们实现目标的可能性才会更大，我们在精神上也会变得更加健康。

你的可能性是无限的。即使失败了，你也可以获得宝贵的成长机会。现在，充满自信地向着更远大的目标前进吧。

Part 2

我们都是人气王

你把垃圾扔在哪？

　　不知道从何时开始，因为雾霾的存在，我们不能在户外酣畅淋漓地呼吸了。看了新闻报道，说这年冬天韩国雾霾的情况更加严重。如果连续两天预测PM2.5（细颗粒物）平均浓度超标的话，政府就会实施"雾霾减排措施"。一旦下发该指令，就会实行车辆单双号限行制度，即在单号日子，只有车牌尾号为单号的车才可以上路；双号日子，只允许车牌尾号为双数的车上路，限行也包括卡车在内。我们买车又没做错什么，为什么要遵守如此不便的规定呢？

那是因为我们呼吸的空气是公共财产。公共财产指的是所有人可以共同使用的资源或享受的服务。雾霾让天空变得灰蒙蒙的，但是如果大家为了自己方便都开车出行的话，空气质量将会怎么样呢？随意使用大家的公共财产真的只会给别人带来麻烦吗？

随意使用公共财产会让大家都不方便

你见过韩国各地区自行推出的公共自行车吗？比如首尔的"叮铃铃"、大田的"骑吧"、庆尚南道的"快骑吧"。大田市为了市民的骑行安全配备了 200 个安全帽，但是在一个月内就少了 140 个。实行相同政策的其他城市也是如此，世宗市免费配备的安全帽大约少了 33%。像这样任何人都可以免费使用的公共资源，被人们随意浪费，很快就用尽的现象，被称为"公地悲剧"（Tragedy of the commons）。

从前有一个村庄，村庄有一个放养家畜的公共牧草地，所有居民都可以免费使用。居民们争先恐后地把自己的羊赶到牧草地吃草。反正牧草地是免费的，只要比其他人放养更多的羊，对自己就更有利，所以牧草地上的羊越来越多。那些羊争先恐后地吃草，曾经无比广阔的牧草地很快就变成了连一根草也找不到的荒地。最终羊群无草可吃，居民们也为了寻找新的草原而离开了这里。

一开始可以放养很多的羊，让羊尽情地吃草，居民们十分高兴，但是，最终居民们不得不带着饥饿的羊群去远方寻找牧草地。我们常常看到有人在公园里随手丢弃零食袋子、烟头，因为他们认为：即使肆意地挥霍、破坏公共资源，我也没有必要承担责任，反正只有我一个，也不会造成什么问题。但是，如果大家都这样做的话，公园将会变成什么模样呢？个人私心能够毁灭共同体的全体，最终也会殃及自己。

一台窗户坏了的车

如果大家都很爱惜公共资源，并且妥善使用它们，结局将是皆大欢喜。但是，为什么大家都不爱惜就会搞砸事情呢？这是不是很奇怪，又很神奇？1969 年美国斯坦福大学心理学教授菲利普·津巴多把一辆窗户坏了、没有车牌的汽车放置在纽约街头并观察人们的反应。那辆车怎样了？结果人们不仅往车内车外丢垃圾，还偷走了轮胎。因为大家默认那辆车是被扔掉的。这就是犯罪心理学中的"破窗效应"（Broken Window Theory）。

如果有人在爬山时把垃圾扔在了山上，没有得到及时清理的话，之后那个位置就会堆满垃圾；当人们看到法律和社会秩序没被遵守却没有得到惩罚时，就更容易产生"只有我一个也不会造成什么影响"的想法。正因如此，如果放任人们小的越轨行为，最终就会引发更大的问题。

能阻止集体无意识的悲剧吗？

当我们在使用公共财产的时候，不管有没有人在旁边看着，都要有正确行动的决心。如果你使用了自行车安全帽，为了下一个使用者的安全，就应该把安全帽物归原处。

我们的行动体现出了人类的素质。做事讲信用对我们自己来说是一件光荣的事，反之，荣誉感就会降低，内心也会感到羞愧。

一个人的行为也会给全体社会带来巨大的影响。即使会有"为什么我要把安全帽归还原位"的疑问，也不能忘记，"我使用的安全帽也是别人放回原位的"。如果之前使用的人不把安全帽放回原位，那么我也无法使用安全帽。

如果想阻止公地悲剧的发生，可以把使用公共财产的人聚集在一起，制定自发性的规定。比如前面提到的牧草地的情况，居民之间可以协商决定限制每次放羊的数量，或者确定放牧的顺序，如果居民们能够制定惩罚违反规定者的条例，并且认真地贯彻它，那么效果就会更好。

这样看来，我们的地球也是一份巨大的共同财产。铭记"美丽的地球是我们所有人的共同财产，相信即使自己一个小小的行动也可以改变世界"。你的关怀和行动最终会带给自己更大的帮助。

囚徒困境

你会信任所有人吗？

英国著名经济学杂志《经济学人》曾出现过这样一种观点："国家的领导人在进行会谈时，如果不选用分餐制，而是在饭桌上共用一餐，那么协商结果也许会发生变化。"分餐与否和协商内容听上去毫无关联，那为什么有这种观点？这种观点到底有什么根据呢？

猜疑的代价

我们假设有 A 和 B 两个饮料公司，如果这两个公司协商好，大家都不打广告，那么应该可以省下一大笔费用。但是如果其中一方打破这种平衡，率先投放广告，那么另一方的利益就会受损，因为人们受到广告的影响更容易去买投放广告的产品。在这种情况下，A公司和B公司还会愿意共同缔结不投放广告的君子协定吗？他们大概更愿意为不落后于对方而继续花钱投放广告吧？

现实中也有很多类似的例子。第二次世界大战后的冷战时期，北大西洋公约组织（北约）和华沙条约组织（华约）之间展开的军备竞赛就是一个典型例子。战争虽然结束了，但追随美国或苏联的同盟国之间关系仍然紧张，也因此展开了没有硝烟的战争——军备竞赛。两个阵营如果一起停止军备竞赛，那么谁也不用负担天文数字般的军费支出，可是，如果相信对方不会发动进攻并且解除武装的话，就无法确保自己的安全，所以军备竞赛一旦开启，只能无止境地进行下去，直到冷战结束。

这类合作难以进行下去的原因是双方的不信任。在经济学和心理学中，这种现象被称为"囚徒困境"（Prisoner's Dilemma）。假设有两名伙同犯罪的罪犯，检察官单独找到他们并且劝诱他们："指控你同伙的罪行，再自首，我保证放了你。"如果其中一个罪犯指控对方，他就会被释放，并且另一个人要关押三年；如果两个人都指控对方，则每人关押两年；如果两个人全部否认罪行，保持沉默，则两个人同是一年。理论上来说，一同沉默才是最有利的选择，但两人都信不过对方，害怕被对方背叛而独自承受三年牢狱之灾，于是纷纷从实招来。因此，"囚徒困境"的原理也经常被运用在侦查上。

饭桌上也如出一辙

不过，也有利用"囚徒困境"促成互利结果的情况。美国哥伦比亚大学哈维·霍恩斯坦（Harvey A. Hornstein）教授组建了一个研究小组。他们首先把志愿者分成三组，将他们置身于充斥着猜忌和内斗的环境，然后给他们看不同的新闻报道。A组观看的新闻是某人将器官捐献给素不相识的病人，令人感动；B组观看的新闻是某神职人员残忍地杀害了一名女性雕塑家，令人毛骨悚然；C组没有观看任何新闻。实验结果，A组成员相较于其他组成员开展了更多的合作。这个实验可以证明，人们的过往经历对合作与否产生了很大的影响。

美国康奈尔大学研究团队的学术期刊《心理学》登

载的一篇研究报告显示，共同用餐有助于推进谈判结果。研究团队将100名素不相识的志愿者分成两组，一组扮演企业，另一组则扮演工会。志愿者们在开始协商之前要先用餐，其中一半的志愿者共用墨西哥薄饼，剩下的志愿者则独自用餐。

实验结果显示，独自用餐的志愿者们就工资问题达成一致平均需要13.2次谈判，共同用餐的志愿者们则只需要8.7次谈判。研究团队就实验结果解释道："共同用餐，表面上是对有限资源如何分配的一种竞争，但在实际过程中，大家一边吃饭，一边了解对方的需求，相互了解，并且促进了合作。"

现在我们再回到文章开头的观点。我们根据"过往经历会对合作产生重大影响"的结论，不难推测，如果各国领导人在谈判前会面，并且共同用餐，也许会如《经济学人》设想的那样，改变合作心态，促成完全不同的结果。

所以，如果你有想要成为好朋友的人，那就趁早一起约顿饭吧。因为这样能够增进你们彼此之间的信任，离做好朋友更近一步。

你会以貌取人吗?

每个人都有喜欢的人或物。但世界上有那么多的人和物,为什么偏偏喜欢这一个呢? 好感一般在我们意想不到的情况下偶然或自发地出现。如果你也有想要获取好感的人,那么好好读一读这则故事吧。

喜欢的法则

美国心理学家罗伯特·扎荣茨 (Robert Zajonc) 认为,我们见到新事物的次数越多,喜欢的程度也越深。心理学中将这一现象称为"曝光效应"。在一项实验中，扎荣茨向不懂中文的美国大学生展示汉字。其中一些汉字反复展示，另一些汉字则只展示一次。虽然参与者不知道汉字的具体意思，但是在短时间内进行了反复观看，自然而然地认为该汉字有好的意思，因此出现了这一现象。

这也被称为"埃菲尔铁塔效应"（Eiffel Tower Effect）。你曾亲眼见过埃菲尔铁塔吗？作为巴黎的地标性建筑，埃菲尔铁塔早已成为人们到访巴黎的必经打卡地。然而在其建成之初，也被评为"丑陋的钢结构"。法国小说家居伊·德·莫泊桑（Guy de Maupassant）就曾表示："就算讨厌埃菲尔铁塔，也完全不用担心去那里的餐馆用餐，因为它在铁塔下面，根本看不到铁塔。"然而，现在的埃菲尔铁塔早已成为法国的代表性建筑。有人认为，这是人们在反复观看中对其熟悉的结果。

与人交往亦是如此。与其因为一见钟情而直接向对方告白，不如一步步地熟悉，逐渐传达自己的心意，等对方放下戒心后再告白，不是更好吗？但是，在此期间，如果你一直表现不好，那也于事无补。所以我们需要充分展现自己的长处。

那么，一直表现出色，就能让喜欢的人倾心吗？美国心理学家埃利奥特·阿伦森（Elliot Aronson）曾以大学生为对象做过一项调查：学历优秀且家境殷实的两个人，一个人完美无缺，另一个会犯一些小错误，诸如打翻咖啡等。你认为哪一个更有魅力？大部分参与者都更倾心于后者，因为越是"美中不足"的人，越容易让人产生"他（她）和我也没有什么差别"的想法。这样的人更有人情味儿，因而也更容易让人产生好感。

但不幸的是，在现实生活中，比起会犯小错的人，人们很显然更喜欢那些不会犯错的人。完美的人或许会因为小的错误增加人气，但是对于普通人，犯错越多，魅力就越打折扣。难道完美才能更让人青睐吗？

光晕效应与相似效应

我们都知道"以貌取人"是不对的，但在现实生活中，人们往往认为面相和善的人心地也善良。心理学中将这样的现象称为"光晕效应"（Glittering Generality）。想象一下头顶光环的样子，是不是就很容易理解这种现象呢？许多人认为，外貌出色的人在能力或性格等方面也会更出色。这是因为外貌的光环在一定程度上会弱化人们做出合理判断的能力。

　　但是，个人的喜好并不取决于外貌。比起容貌姣好的人，人们往往更青睐与自己有共同点的人。例如，在谈话时发现与朋友读过同一本书或者看过同一部电影，对朋友的亲近感也会不自觉地增强，甚至会觉得这就是"命中注定"。心理学将这种现象称为"相似效应"（Similarity Effect）。人们很容易与具有共同爱好或兴趣的人建立共识并维持亲密关系。此外，与三观一致的人在一起，由于对方能更好地理解和尊重自己对生活的态度和价值观，因此也很容易与之亲近。

　　正因如此，人们可以通过多种方式获取好感。如果你想获取某人的好感，就尝试多和对方接触，认真倾听对方的故事，理解对方的感受。同样，当你觉得某人对自己有好感时，也会不自觉地对这个人更坦诚，也就更容易接受对方的不同意见。

　　当然，积极的态度也很重要。试想一下，比起经常抱怨的人，我们是不是更愿意看到积极努力的人呢？所以，不妨在睡前好好思考一下：今天我向他人传递正能量了吗？

变色龙效应

你长得像爸爸还是妈妈？

　　"夫妻相像"真的是事实吗？随着待在一起的时间变长，亲密的朋友之间长相也经常趋于相似。那时候，比起外貌相似，朋友之间说话的语气和行动更容易相似。据说和喜欢的人结婚后，由于一起的时间变长，就会模仿对方的表情。像这样，两个人反复活动脸部的同一部分肌肉，脸部肌肉走向和皱纹神态就会变得相似，导致两个人看起来长得像。心理学称其为"变色龙效应"（Chameleon Effect）。就像是变色龙根据光线的强度和温度来改变自身的颜色一样，人们随着身边人的行动来改变自身的行动。

你笑，我也会跟着笑

看见笑的人，自己也会很容易跟着笑。1999 年，纽约大学心理学专业的坦亚·沙特朗（Tanya L.Chartrand）与约翰·巴奇（John Bargh）教授研究组以纽约大学的学生为对象，验证了变色龙效应，并对"人们之间是否会发生模仿行为""共情能力强的人会更加无意识地进行行为模仿""是否对模仿自己的人更有好感"等问题进行了研究。

首先，沙特朗教授让每个参加者与实验助教配对，然后进行对话，并且把二人的对话场面拍下来进行分析。在此过程中，助教故意做出摸脸、抖腿、微笑等动作。然后观察到，当助教抚摸脸的时候，参加者也会抚摸自己的脸庞。根据视频分析结果，当助教微笑的时候，参加者笑的更多。30% ~ 50% 的参加者都展现出了变色龙效应。

在接下来的实验中，助教和学生进行了单独对话，这一点与之前的实验相似。这一次事先测定了参加者的共情能力，并据此分组。实验目的是观察共情能力高的人和共情能力低的人谁更容易模仿助教的动作。对 50 名参加者的数据分析显示，共情能力越高的学生，越容易模仿助教摸脸、抖腿等动作。研究小组分析得出，因为共情能力强的人更关心他人，所以变色龙效果越明显。

在其他实验中，助教和学生共同讨论了 15 分钟的照片，然后询问学生对助教的好感度。研究组把 70 多名学生分成两组。在和 A 组学生对话的时候，让助教自然地模仿学生的行动；相反，在和 B 组学生说话的时候，让助教不要模仿学生的行动。结果显示，助教模仿参与者行为的 A 组实验中，好感度平均高出 15% 左右，而且男女都没有差异。由此得出，我们更倾向于对模仿自己动作的人产生好感。

这种变色龙效应也适用于其他领域。研究结果显示，谈判时不经意地模仿对方动作，会使谈判结果更加理想。还有一项研究结果显示，如果餐厅服务员重复一下顾客的点餐内容，会比不这样做的服务员多得到 70%的小费。

也有人分析说，变色龙效应是方便人们在无意识中甄别益友。美国社会心理学家亚当·加林斯基（Adam

Galinsky）说：“为了观察（自己）和对方是否合得来，可以试着无意识地把自己的行动与对方的行动一致起来。”

刻意模仿会带来副作用

如前所述，由于变色龙效应模仿对方的行动会获得好感，所以谈恋爱时也可以利用此效应来获得别人的好感。但也有研究表明，如果模仿事实被揭露，反而会引起对方的反感。所以与其刻意模仿对方的行为，不如培养共情能力。

在前面的实验中，我们看到了共情能力出众的人在不自觉的情况下模仿对方行动所产生的结果。只要倾听，且与对方产生同感，你就能自然而然地发挥变色龙效应。

你经常戴有色眼镜吗？

执拗的政治家即使面对无数反驳自己的证据仍然可以做到不为所动。普通人亦是如此。某一政党支持者常常对其余政党支持者的言语充耳不闻。

"A 党的政治家都是不正直的人。我说的肯定没错。看看，A 党有很多因贪污腐败嫌疑被起诉的人。"但是他们往往忽视了一个事实：A 党从未被起诉过，政治清廉的人更多。为什么会这样呢？

为了不改变自己立场的"确认偏误"

即使铁证如山，却选择无视，坚持自我的行为，被人们称为"确认偏误"（Confirmation Bias），又称"选择性思考"，是一种无视客观证据只选择有利资讯的倾向。

2009 年，韩国嘻哈组合 Epik High 的队长 Tablo（李善雄）陷入学位造假事件。有人质疑 Tablo 的美国斯坦福大学学历是伪造的。无法容忍的 Tablo 公开了斯坦福大学毕业证、成绩单、教授证明信等证明文件，但是质疑 Tablo 的人依旧固执地主张"证据也是造假的""肯定是同名的人"。这件事件让 Tablo 饱受精神痛苦。

美国心理学家查尔斯·罗德（Charles Lord）和同事对支持和反对死刑制度的人进行了研究。首先通过问卷调查的方式询问 151 名大学生是支持还是反对死刑制度，然后向他们展示两份虚拟研究，一份研究内容为死刑制度可以降低犯罪率，另一份为死刑制度无法降低犯罪率，询问他们认为哪份研究更优秀。结果极为分明：支持死刑制度的学生更信服死刑制度可以有效地减少犯罪率的报告；与此相反，反对死刑制度的学生则认为死刑制度没有预防犯罪效果的研究结果更有说服力。他们都认同支持自己观点的研究报告。

一般情况下，我们更偏向于支持自己观点的信息。这是因为与自己意见统一的主张能让自己开心，而有可能动摇自己信念的事实则会让自己感到不适。

确认偏误易形成偏见，偏见易导致歧视

美国亚利桑那大学心理学专业杰弗里·斯通（Jeffery Stone）教授研究组在 1997 年用实验证明了对白人和非裔的确认偏误。研究组将普林斯顿大学的 51 名学生分为两组，播放了 20 分钟的大学篮球比赛广播转播后，让他们评价布鲁斯·弗利克（Bruce Flick）选手是怎样进行比赛的。所有参加者都听了相同的转播，研究小组告诉 A 组成员弗利克是非裔，告诉 B 组成员弗利克是白人。知道选手是非裔的 A 组成员评价说：弗利克体力好，实力强，擅长团队合作。而知道选手是白人的 B 组成员则进行了刻薄的评价。因为美国人一直认为"非裔比白人更擅长篮球"，所以大家即使接收了同样的信息，也会做出不同的评价。

如果由确认偏误形成了固有观念，就会产生偏见，从而导致歧视。例如，当一个对西方人有偏见的人见到西方人的时候，态度很可能比平常生硬。那么感受到这种态度的西方人也会以同样的态度来回应对方。那么这个人就会说："看，我是对的吧？西方人本来就歧视东方人。"并且他因此强化了对西方人固有的负面印象，最终变得讨厌西方人。

世界上形形色色的人一起生活。为了没有歧视、和谐地生活，我们难道不应该为打破刻板印象而努力吗？为了不被这种确认偏误所控制，我们都要有"我的观点可能会有偏差"的觉悟，并且有必要认清事实。

世界上没有任何人想被歧视。你也是吧？那么想想看，今天你有没有歧视朋友或者身边的人呢？

你可以再帮我一下吗？

在一个寒冷的日子里，一位阿拉伯人搭起了露营帐篷。旁边的骆驼对他说："走了一整天，脚好累啊，能否让我的脚在帐篷里休息一下呢？"看着可怜的骆驼，阿拉伯人答应了它的请求。

过了一会儿，骆驼又说道："天气这么冷，能让我的头也放进帐篷里吗？"阿拉伯人这次也答应了它的请求。

某一瞬间，他打起精神一看，骆驼已经占据了帐篷中央的位置。骆驼很自然地说道："帐篷里这么窄，你能让一下吗？"

结果阿拉伯人被赶出了帐篷，在寒冷的天气中挨了一夜冻。

这个故事出自《伊索寓言》。

我想帮你所以才这样做的

故事中骆驼的行为在心理学上称为"得寸进尺效应"（The Foot in the Door Effect），指的是一个人如果一开始答应了微不足道的请求，渐渐地也会接受更大的请求。

1966 年，美国心理学家乔纳森·弗里德曼（Jonathan Freedman）和斯科特·弗雷泽（Scott Fraser）研究小组以居住在加利福尼亚的 156 名家庭主妇为对象，分成两组进行了实验。A 组是"实施得寸进尺效应的小组"，在实验前给她们打了电话，拜托她们完成 8 个问题的简单问卷调查。这个问卷调查便起到了"得寸进尺效应"的作用。当然，B 组没有被要求完成问卷调查。

三天后研究组给两组成员打电话询问他们："是否可以访问家里两小时，看看碗橱和仓库里的东西？"对于素不相识的人要求在家里待两个小时这个请求，其中 B 组有 22.2% 的人表示同意，A 组有 52.8% 的人表示同意，比 B 组的两倍还多。这就是"得寸进尺效应"在发挥作用。接受了小请求的人，接受大请求的概率将会更高。如果你提出对方能够欣然接受的请求，以后那个人也很有可能听从你的差遣。

之所以会出现这种现象，是因为人们尽量保持行动的一贯性。如果你接受了对方小小的请求，你就会觉得你和对方有一种纽带感，就会觉得你应该继续接受对方的请求。而且接受请求的人对于自己接受的请求会认为"这原本就是我想帮对方的"，以此来逻辑自洽。如果你已经帮过对方了，现在却说："真是强人所难！"这只会让自己的心情更加不悦。这时"认知不协调"就适用了。人在想法和行动之间出现不一致的时候，无论是哪个方向，人们都想追求一贯性，所以就会做出这样的行动。

拜托从小事开始

2016 年，法国心理学家尼古拉斯·格根研究小组证明了这种方法在阻止犯罪方面也很有效。他们在一个法国西部城市的酒吧附近以男女共 76 人为对象做了一个简单的小实验。首先将本实验的参加者分成两组，让他们单独一人坐在酒吧外的椅子上。A 组参加者旁边桌子上坐着一位顾客，问："现在几点了？"然后把包放在桌子上，进了酒吧。相反，B 组参加者旁边桌子的顾客没有问任何问题，只是坐了一会儿，然后同样的将包放在桌子上，进入酒吧。对于接受顾客询问（即现在是几点）的 A 组来说，就出现了"得寸进尺效应"。

20 秒后，实验助教假装成小偷出现在酒吧外，并且观察酒吧内外 10 秒左右，然后偷偷地拿走顾客刚才留下的包。这时研究者观察实验参加者的反应。A 组和 B 组的反应有何不同呢？A 组阻挡小偷偷包行为的人数占 84%，以压倒性的优势超过了 B 组的 47.7%。也就是说，询问时间的简短对话使实验参加者做出了阻止小偷偷包这一行为。这可以解释为，"得寸进尺效应"对预防犯罪发挥了作用。

但是骗子也会恶意地利用人们的这种善心，起初借小钱，但后来逐渐增加借款数额，最后借一大笔钱。为了得到对方的信任，第一次借钱甚至连利息都加在一起全数偿还。接着如果再成功地借到一大笔钱，就会拖延还款。

我们虽然不能恶意利用"得寸进尺效应"，但是也不能被恶意利用的人欺骗。然而，如果你有必须要拜托别人帮忙的事情，不要从一开始就直接说这件事，而是可以小心翼翼地从一个小小的请求开始，这样才能提高求人帮助的成功率，也能建立互相信赖的人际关系。

你今天偷懒了吗？

韩国有句俗语："一张薄纸，两个人拎着更轻。"意思是，再简单的事情通过协作都会变得更简单。但是，如果我们看了下面的心理学实验，这句俗语恐怕得改成："一张薄纸两人抬，纯属偷懒。"

1913 年，法国农业能源工程师林格尔曼（Ringelmann）做了一个"拔河"实验。假定一个人能拉动 10 千克重的物体，那么四个人加起来应该能拉动 40 千克，八个人就应该拉动 80 千克。他带着对这种假设的好奇，马上展开了实验。猜一猜结果怎样？

两名实验参与者进行了实验，但结果却并非是 20 千克，实验者仅拉动了 18.6 千克的物体，相当于每个人只使出了 93% 的力气。实验者增加到 3 人时，结果为 25.5 千克，效率为 85%。8 人的情况下，每个人只发挥了49% 的实力，仅拉动了 40 千克的物体，距离设想的 80 千克相去甚远。8 个人合力，却只相当于 4 个人力量的总和。由此说明，1+1 其实并不是任何时候都等于 2。

　　像"拔河"实验一样，在做某事时成员越多，个人对集体的贡献越小的现象，被称为"林格尔曼效应"（Ringelmann Effect）。

　　当个人投入的多少难以呈现时，林格尔曼效应就会更加严重。例如，拔河的时候，很难确定队伍里谁使的力气多、谁使的力气少，所以大家都抱着"多我一个不多，少我一个不少"的心态应付了事。心理学称这种现象为"社会懈怠"。

　　农业工程师居然会做这样的实验，这想起来有些不可思议吧？其实，林格尔曼师承于德国心理学家沃尔特·莫德，林格尔曼的实验也是在 1927 年通过导师莫德的帮助才广为人知。

为什么会出现林格尔曼效应？

在学校里，大家一定有需要小组协作才能完成的任务吧。当大家一起进行任务时，有些人抱着"多我一个不多，少我一个不少"的消极心态，浑水摸鱼的情况就很符合林格尔曼效应。那么，为什么我们会产生这种心理呢？

首先，以集体为单位作业时，个人的责任被分散了。就算结果出了问题，责任也不会只由一个人承担。当每个人对于集体的贡献大小并不能有效地呈现出来时，这种社会懈怠就会更容易产生。不努力也能得到一样的回报，这就使得人们产生了"空手套白狼"的想法。再者，如果只有自己一个人努力，别人坐享其成，那就吃亏了。这种心态也是导致人们懈怠的原因之一。

另外，也有些学者重视团队精神在协作中的影响力。波兰和南非共和国共同成立的一个研究小组发表了一篇实验论文，该论文总结道：平时进行协作性高的任务的志愿者比起其他志愿者会更少出现社会懈怠。团队精神非常重要。不仅仅是体育，通过其他途径理解了团队精神的人，在包括体育在内的种种工作中，都会更少偷懒。可以说，那些信奉利己主义、不知团队精神为何物的人助长了林格尔曼效应。

能否削弱林格尔曼效应？

想要削弱林格尔曼效应，就应该在集体作业中将个人对集体的贡献大小更加明显地呈现出来，按照个人对集体的贡献大小给予回报，比如我们学过的"按劳分配"制度。

另外，随着集体成员的扩充，个人的责任感也会有所下降，所以限制集体成员的数量也是非常有必要的。人数应当定在完成工作所必需的人数为好。再者，与其设定"拼尽全力"这样的口号，倒不如设定具体的目标。现在你知道"多我一个不多，少我一个不少"的心态对集体的工作效率影响多大了吧？

有一种名为"no show"的现象，即顾客预定了餐厅却连招呼都不打，直接爽约，这给很多商家造成了困扰。大家都想："这家餐厅很有名，顾客每天排得满满当当，

我一个人爽约，也没什么事。"但是，这种行为会给别人
造成很大的损失。所以我们应当学会考虑他人的处境，
自觉地承担起自己应有的责任。

双重标准

你是双标的人吗？

　　我们在进行自我评估时，会不自觉地歪曲一些事实，并以此来粉饰自己，即自我偏见。"自我偏见"呈现出明显的以自我为中心的特点。带有"自我偏见"的人在进行自我评估时，往往会偏向对自己有利的方向。让我们通过下面的事例进一步了解"自我偏见"。

　　或许你听过"己风流而他不伦"这句话，简单地说就是：自己可以风流潇洒，别人做的话便是不遵守纲常伦理。这种表达看似诙谐，但并非全无道理。这恰恰证明了"双标"现象是真实存在的。不过，一般只有极少数厚颜无耻的人才会奉行这种理论。有研究表明，这是人们一种基本的思考方式，因此每个人都得注意。可是，为什么人们会本能地对自己的行为更为宽容呢？

这是因为每个人的自我评估与对他人的评估标准都存在"差异性"。心理学将这种"差异性"称为"双重标准"（Double Standard）。

2015年，德国科隆大学的心理学家威廉·霍夫曼（Wilhelm Hofmann）教授及其研究团队，以1252名来自美国和加拿大的成年人为对象，进行了一项道德行为实验。研究人员通过手机连续三天随机向参与者发送调查问卷，参与者需要上报此前一小时自己和他人的"道德或不道德"行为。

调查结果显示，参与者上报自己道德行为的频率为7%，这是上报他人道德行为频率3.5%的两倍。真的是因为其他人的行为更为不端吗？如果每个人上报自己道德行为的频率都是7%，那么每个人的道德程度应该是相同的。由此可见，人们对自己更加宽容。

人们之所以会采用双重标准，是因为人们很难从旁观者的角度客观地看待自己，但对别人就易如反掌了。因此，人们看待自己时是"就事论事"，而看待别人时是

"就人论事"。正如某个同学在考试时失利了，第一时间往往不会觉得是自己努力不足或能力不足，而是会觉得考试很难；而当别人的成绩不好时，却会认为："他们每天都在玩。"因为人们很容易看到别人的玩乐，但是很难客观地看待自己的行为。

这种现象在驾车时更加显著。例如，有些司机自己突然停车时会把原因归结于信号灯转换得太快；相反，当别人这样做时，司机就会觉得对方不会开车。

成事在己，败事归天

谚语中也有类似的表达："成事在己，败事归天。"而这也有一定的心理学依据。心理学称其为"自利性偏见"或"自利性偏差"，即人们在做一件事情时，会将成功的原因归结于自己的努力或能力，而将失败的原因归结于各种各样的其他状况。例如，如果人们成功地进入一所大学，那就是自己的能力出众；反之，如果失败了，便是该学校的选拔过程不公平。这句话虽然与前面的表达（双重标准）差不多，但是"自利性偏见"是为了保护自己的自尊心，所以即使在非竞争性环境中也很常见。

有一种"自利性偏见"的人认为："我与其他人不同，无论什么好事都会落在我头上。"例如，有些人相信："我买彩票肯定能中奖。""就算别人失败了，我投资的股票也肯定可以大赚。"然而，也有些人与"自利性偏见"恰恰相反。一个典型的例子便是，一个人在工作不易时，往往更容易暗示自己"我很幸运"，而不是"我很棒"。这是因为在他心中，一个人即使再努力，该发生的事情还是会发生。心理学将这种现象称为"折扣积极部分"或"贬低成果"（Discounting the Positives）。在抑郁人群中，这种现象尤为明显。而且，如果总是重复这种暗示，人们很容易陷入情绪低落的恶性循环。这虽然与前面的事例相反，但本质上都是无法客观地看待自己。

人本来就是主观性的存在，所以会自然而然地采用一些对自己有利的方式思考。我们生活在人与人和谐相处的社会之中，自己的想法固然重要，但是接受真实的自己，也是自尊自爱的一种表现。为此，在日常生活中，我们应该以统一的标准来看待自己和他人。

利他行为

你今天帮助他人了吗？

　　人是一种社会生物，即人无法与他人断绝联系而独自生活。与他人相处得有多好直接影响了我们能有多幸福。帮助他人的行为和我们的个人幸福息息相关，所以我们在自发性捐款时就像收到礼物、零花钱时一样开心。

　　帮助别人真的会让人变开心吗？答案是肯定的。如果不相信的话，那么我来告诉你两个心理学实验。

利他行为的效果

　　美国心理学家索尼娅·柳博米尔斯基（Sonja Lyubo-mirsky）把学生分为两组进行了一项实验。她要求A组学生在6周内每周做5件力所能及的好事，比如献血、帮助朋友、看望长辈、给老师写感谢信等；对B组学生则不做任何要求。6周后，当研究人员测定学生们的幸福感时，发现B组学生没有变化，而做了好事的A组学生幸福感显而易见地增强了。研究小组还发现：与连续几天做好事相比，一天做很多好事所带来的幸福感更为强烈。

　　还有另一个与幸福相关的实验。加拿大心理学家伊丽莎白·邓恩（Elizabeth Dunn）对46名职员在早上的幸福度进行了测量，然后给他们每人一个装有20美元的信封，并让他们在下午5点前花光。不过A组要给自己花钱，B组要给别人花钱。A组成员有的用这笔钱纳了税，有的买了之前想买的东西。B组成员有的给别人买了礼物，有的捐出了20美元。然后研究人员再次测量他们的幸福度。研究人员发现给别人花钱的B组比给自己花钱的 A 组更幸福。

此外，做好事还有很多积极的影响。人们在给予他人帮助时比获得帮助时更加容易满足，不满也会减少。根据柳博米尔斯基 2008 年的实验可知：做公益活动的人与不做公益活动的人相比，更少地感到忧郁和不安，对未来也更加充满希望，而且对目前拥有的一切抱有感恩之心。

有研究表明，做好事越多，寿命越长。美国心理学家罗杰·布朗（Roger Brown）发现：那些主动给予伴侣、邻居、朋友等亲近的人温暖的问候，并努力给予他人精神上帮助的老人，比那些不这么做的老人寿命更长。做好事似乎有利于提高自信，减轻压力，且有益健康。

主动从帮小忙开始

然而，无条件地帮助别人，并不总是会带来幸福。帮助别人，也有需要注意的地方。根据德国学者约翰·格瓦埃尔（John Gebauer）2008 年的一项研究可知：当人们自发地帮助别人时，自尊感和幸福感就会增强；然而，当他们被要求帮助别人时，则对自尊感和幸福感的增强没有太大的效果。就像还债的时候会感到负担一样，被要求帮助别人也会成为人们的负担。因此，最重要的是有一颗想主动帮助他人的心。

也许你不是因为做了好事才幸福，而是因为幸福所以做好事。研究表明：幸福的人更乐于助人，也更容易乐于助人，也更愿意花费一些时间和金钱去帮助他人。

但事实是：幸福和乐于助人的关系就好比是"先有鸡还是先有蛋"这个问题一样，很难分出先后。乐于助人让人变得幸福，从而更愿意乐于助人。重要的是，它们二者是相互配合、相辅相成的。

帮不了别人很大的忙也没关系。如果你为了自己的幸福而帮助了某个人，而这个接受你的帮助后变得幸福的人，又去帮助其他人，那么，幸福就会像涟漪一样传播开来，我们的社会也就会变得安全而又温暖了。

今天，你帮助别人了吗？如果还没有，那就从亲切地问候身边的人开始吧。

Part 3

做内心强大的佼佼者

为什么深夜总想吃东西？

在春节、中秋、圣诞节的时候，人们经常会想："啊，这次减肥又要失败了。"因为在这些节日里，人们十有八九会比平时吃得多、吃得好。但是，你知道"因为肚子饿而吃的食物"和"没有原因就是想吃的食物"这两种是不同的吗？

2018 年，奥地利心理学家尤利亚·莱森伯格（Yulia Reichenberger）和他的同事以德国大学生为对象，做了一项饥饿和食欲关联性的实验。他们提出的主要问题是："你现在有多饿？""你现在有多想吃东西？"从早饭到晚餐这段时间，研究小组每天观察五次来研究饥饿与食欲之间的关系。

总体来看，肚子越饿，食欲就越强烈。尤其是中午和晚上肚子最饿的时候，食欲也最强。而饭后，饥饿感和食欲都会下降。所以，饥饿感和食欲都是中午和晚上高，随后下降，呈现出字母"M"的模式。

肚子饿了我们就会去找食物吃，这是常识。但是在研究小组的附加实验中，出现了例外现象。研究人员把食物分成几个不同类别，然后询问被试者现在的饥饿程度想吃多少食物。这些食物被分为咸类饼干（薯片、椒盐卷饼等）、甜食（巧克力、曲奇、冰激凌等）、油腻的食物（汉堡包、披萨等）、碳水化合物类（面包、意大利面等）、蔬菜类（西红柿、胡萝卜、沙拉等）和水果（苹果、草莓等）。被试者的回答说明：时间越久，就越想吃咸饼干和甜食。这个实验表明，对甜食和咸食的欲望与饥饿无关。

压力之下寻求咸味，孤独之下寻求甜味

心理学家发现，之所以到深夜 10 点人们还想吃又咸

又甜的食物，是因为随着时间的流逝人的自控力会下降，也就是说这种所谓"对身体不好，会长胖，所以不能吃"的忍耐力会随着时间的推移而减弱。

美国心理治疗师朵琳·芙秋（Doreen Virtue）曾在《食物与情绪：食欲背后的心理学》（*What Your Food Cravings Mean*）一书中写道："渴望吃咸的零食的人通常会受到压力、愤怒和不安的困扰。"人们感受到的压力越大，就越有想吃东西的倾向。美国的《健康心理学》杂志发现，压力越大，人们对于咸味的渴望就越强烈。据推测，这是因为摄入盐分可以减少有"压力荷尔蒙"之称的肾上腺皮质醇的分泌量。

如果说咸味与压力有关，那么甜味就与孤独感有关。2014年，挪威心理学家埃克贝格·亨里克森和同事以9万名孕妇为对象，研究了孤独、关系满意度等和含糖饮料（碳酸饮料、果汁）摄入量之间的关系。结果显示，越是感到孤独的人，越喜欢喝甜饮料。比起已婚女性和朋友多的女性，单身妈妈和朋友少的女性喝的含糖饮料更多。此外，比起和同事关系好的人，与同事关系不好的人更喜欢喝含糖饮料。这项结果在除去参加者胖瘦与否、是否自认为肥胖、目前有无抑郁感、身体活动量和收入等变数的情况下依旧有效。

如果你被社会孤立，周围又没有人可以给予你帮助，那你该怎么办呢？你的身体会一边想着"我的身体我自己应该好好照顾"，一边始终保持着清醒状态，这样一来血糖就会下降得更快。要想应对这样的紧急状态，你就必须持续提供大脑运作所需的糖分，而提高血糖最直接的方法便是饮用含糖的饮料，因此身体这种渴望甜食的行为也许可以看作是一种自我保护。

当你感到压力和孤独的时候，想吃咸的零食和甜食是身体的一种本能反应。但是过分地依赖咸的食物和甜食却是不可取的。所以如果你深夜想吃这类食物时，要记住，你不一定真的饿了，而是你的内心在作祟。又不是肚子饿了，为什么非要吃？吃了以后还要苦恼怎么减肥。其实，保持充足的睡眠和有规律的运动，也能使你获得对抗压力的力量呢。

为什么一坐车就犯困？

新年伊始，人们总会制订各种各样的新年计划。诸如为了健康一定要减肥、新的一年一定要读一百本书、一定要努力学习英语等。但是往往到了年末，计划还只是计划，大部分人并没有真正付诸行动，抑或只是"三天打鱼，两天晒网"。正如吸烟的人明知道吸烟有害健康，却还是不自觉地以"吸烟可以缓解压力"为借口继续吸烟。当想法与行动发生偏差时，大脑也会相应地创建新的理论和应对策略。心理学将这一现象称为"认知失调"（Cognitive Dissonance）。

乘车犯困与"失调"

在解释认知失调之前，让我们先谈一谈"失调"。为什么我们一乘车就会犯困呢？心理学认为，这种现象是由"失调"引起的。

在驰骋的汽车中，如果你持续地专注于其他事情而非窗外的风景，眼睛就会认为汽车是静止的，但是实际上我们的身体是运动的。而此时耳中的感知器官（前庭蜗）能够实时地监测身体的运动状态，并且向大脑传递身体运动的信号。

但是由于眼睛传递的是静止的信号，而耳朵传递的是运动的信号，这就导致了大脑的混乱。这种感官传递信号的不一致被称为"失调"。如果这种"失调"的状态持续存在，就会导致大脑失衡。此时，我们的大脑不知道应该遵循哪种信号，就会"罢工"，并反馈"我不知道"的信号。这就是我们乘车时容易犯困的原因——大脑的自我保护导致了犯困的现象。但是这种现象却不会出现在司机身上，这是因为司机与乘客不同，司机一直专注于驾驶，他们的视觉信号与听觉信号是一致的。

身心对于"一致性"的追求

就像我们身体的各感知器官发生不协调时大脑会出现混乱一样，当思想与行为之间出现偏差时，我们也会感到混乱与不便。这时，人们为了保持一致性，会选择一个特定的方向。这是因为我们的身心具有维持自我平衡的特性，在心理学中称为"认知失调理论"。该理论由美国社会心理学家莱昂·费斯汀格（Leon Festinger）在1957年首次提出。

你听过伊索寓言中《狐狸与葡萄》的故事吗？故事中的狐狸就是认知失调的典型例子。一只饥饿的狐狸走在路上，突然发现了一串晶莹剔透的葡萄，于是它跳起来摘葡萄。但是无论狐狸怎么跳都摘不到葡萄。于是它自言自语道："这葡萄还没熟，一定很酸，一点儿也不好吃。"

当狐狸想吃葡萄的想法和摘不到葡萄的行为出现认知失调时，从狐狸的角度来看，虽然再怎么跳也摘不到葡萄，但是可以改变自己的想法："我吃不到葡萄，是因为它很酸。"当大脑因为想吃葡萄吃不到而感到疲惫时，改变想法能有效减少大脑的认知失调。

为了证明认知失调理论，费斯廷格进行了如下实验。他将参加实验的大学生分为 A、B 两组，给 A 组每人 20 美元、B 组每人 1 美元，然后要求他们做一项简单的工作，并在工作结束后询问他们工作是否有意义。令人惊讶的是，B 组较 A 组认为工作更有意义。这是因为 A 组已经得到了足够的金钱奖励，所以工作是否有意义对其并不重要。但对于 B 组而言，他们在没有足够金钱补偿的条件下，只能通过改变想法来暗示自己工作本身是有意义的。

营销中的"认知失调"策略

很多营销策略中也采用了认知失调理论。比如，你为了买自己喜欢的东西而攒了一年钱，一开始会抱有"我必须买它"的想法，但真正购买时，又会认为："花光所有的积蓄去买它，是不值得的。"这两种想法产生冲突，从而导致了大脑的认知失调。

此时，如果店员说："这次考试辛苦了，用这个犒劳一下自己吧。"你的脑海中便会萌生一种"这是对我的奖励"的想法，认知失调就得到了有效缓解，购买欲望也将进一步加强。但是实际上这只是商家促进顾客购买的一种手段。

所以在苦恼的时候，我们不要轻易地放弃原有的想法，先好好地思考一下：自己的选择是否朝着自我安慰的方向进行？

为什么我一不带伞就下雨？

　　我们常常遇到这种情况：昨天天气预报说得很清楚，今天下雨的概率不到 20%，所以我就没有带雨伞。结果刚准备回家的时候，却偏偏下起了瓢泼大雨，搞得自己手足无措。为什么偏偏是我？为什么我每一次带雨伞出门就不下雨，不带雨伞就一定有雨？是不是老天爷存心捉弄我？

两个事件之间的关联

当两个事件一个为原因，一个为结果时，我们就说这两个事件之间存在因果关系。如果两个事件有关联，但因果关系并不明确时，我们则称之为相关关系。举个例子，悲伤和自尊心之间存在关联，一般情况下，人们在悲伤时自尊心就会减弱，所以这时候我们就可以说，悲伤和自尊心之间存在相关关系。

人们常说："吃感冒药会让体质变弱。"这种说法也是如此。尽管许多感冒药中有着让人产生倦意的成分，但这也有可能是身体抵抗病毒而产生的疲劳感，或者吃药的时候正好赶上了身体工作后的倦意。种种原因都有可能让我们误以为两者之间存在因果关系。正如我们常说的"瞎猫碰上死耗子"，描述的就是这种看似是因果关系，实则为相关关系的情况。因为这只是两件事情的偶然联系，并不是"瞎猫"真的抓到了"耗子"。

想必大家都从爷爷奶奶那里听到过"四肢酸痛，就会下雨"的说法吧？这是因为我们的爷爷奶奶常常在下雨之前感受到关节疼痛或肌肉酸痛。

但是多伦多大学的一个研究团队历经 15 个月，分析了各种天气条件下患者的病痛状况，最终得出两者之间并不存在因果关系的结论。因此，"雨天身体更酸痛，晴天病痛会减少"的说法是不正确的。

虽说如此，但两件以上的事件同时发生时，人们难免会推测这些事情之间存在因果关系。这种现象被心理学者雷恩·查普曼定义为"虚幻相关"（Illusory Correlation）。

因主观倾向而产生的错误认识

大家是否想过为什么会出现这样的情况：明明事件之间不存在直接的因果关系，却被人们无限放大他们的相关性。例如"在超市排队的时候，我排的那一队总比旁边的排得慢"和"每次到了最紧急的时候，都会遇上红灯"等事件，这些大概都与墨菲定律（Murphy's Law）相契合。尽管红绿灯一如既往、循环往复地变换着颜色，但是在我们的记忆中只会留下紧要时刻遇上的刺眼红灯，最后就导致我们产生了"紧急关头总遇上红灯"的认识。

虚幻相关的原理在于"确认偏误"，即人们倾向于接受支持自己观点的信息，而选择性地忽视自己不愿意相信的信息。当人们相信一种不正确的观点时，他们只会选择性地记住支持该观点的证据。因此，陷入这种"确认偏误"的人们常常会得意扬扬地说："看，我说的对吧？""确认偏误"源于人类本身的缺陷。如果人们必须在有限的信息处理能力和时间之内做出判断，就必然会踏上那条迅速得出答案的捷径，错误的认知也就因此产生。

有时候医生会向感冒患者开出并不针对感冒症状且再普通不过的消化药，并且对患者说："吃了这个药对病情有好处。"虽然药不对症，但神奇的是，相当一部分患者声称自己的病情的确得到了好转。这种现象被称为"安慰剂效应"或"假药效应"（Placebo Effect）。此外，还有研究指出，30% 接受过手术的患者都经历过安慰剂效应。安慰剂效应实际上也受到了"虚幻相关"的影响。因为人们过度地拔高了服用药物和病情缓解之间的关联。患者越相信医生，药价越贵，患者本人性格越单纯，安慰剂效应越显著。

"赌徒谬误"（Gambler's Fallacy）就是人们做出诸如此类与理性相悖行为的一个例子。在赌场的轮盘游戏中，珠子在轮盘上随意滚动，玩家需要猜对珠子最后落在黑色格子还是红色格子里。假定珠子连续 20 次落在了黑色格子里，这时候大部分人都会想："已经连续 20 次落在黑格子里了，也该换一换了吧？"然后把钱压到红格子里。但是，这次珠子落到黑色格子里的情况对于下次珠子落在哪里没有丝毫的影响。因为每次珠子落在什么格子里，都是不受之前事件影响的独立事件。

　　为什么"我"总是这么倒霉？是否因为你选择性地只记住了那些倒霉的事情呢？你并非对事物做到了缜密合理的分析，而是停留在自己一厢情愿、短暂、直观的理论之中，现在明白了吧？不要总是沉溺于悲伤和不幸的事件中，多想想有趣、幸福的事情吧，长此以往，你才能将自己置身于常有好事发生的有积极意义的"确认偏误"之中。

罗森塔尔效应

为什么被赞美的孩子更优秀？

　　你听过"赞美能使鲸鱼起舞"这句话吗？赞美有助于我们建立较强的自尊心，确立积极的思维模式。经常被父母称赞的孩子，也会因为从赞美中获得了被爱的感觉，进而认为自己是一个不错的人。

赞美的力量与"罗森塔尔效应"

　　心理学中，很多实验都展现了赞美的力量，其中最为著名的莫过于美国哈佛大学的心理学教授罗伯特·罗森塔尔（Robert Rosenthal）的一项实验。当罗森塔尔教授 1968 年来到加利福尼亚州的一所小学时，他首先对全校学生进行了智力测试。之后，他随机挑选了 20% 的学生，将名单提交给老师，并表示："这些学生的智力很高，成绩一定会很优秀。"事实上，这些学生的智力水平与其他学生别无二致。大约八个月以后，研究人员再次比较名单上的学生与其他学生的成绩。结果显示，名单上的学生平均成绩明显高于其他学生，而且年级越低，这种现象越为明显。

罗森塔尔表示，这是由于在老师的鼓励和教导下，名单上的学生为了达成这种期待而努力学习的结果，即老师的赞美与期待提高了孩子的成绩。由此，这个实验更加证实了赞美的重要性。赞美带来的这种积极效应也被称为"罗森塔尔效应"。

赞美的方针

在现实生活中，赞美的着重点不同，其产生的影响也大相径庭。荷兰乌德勒支大学社会心理学家艾迪·布鲁梅尔门（Eddie Brummelman）的实验就恰恰证实了这一点。

布鲁梅尔门首先让 357 名成年人阅读了一篇关于
"喜欢自己原本模样的 A（自尊心强的孩子）"和"常常
对自己不满意的 B（自尊心弱的孩子）"的文章。然后问
他们："对于 A、B 这两种孩子，应该如何称赞呢？"这
些人的回答是怎样的呢？让我们接着往下看。

大部分人表示，会对自尊心高的孩子说："画画辛苦
啦。"而对自尊心低的孩子会说："画得真棒啊。"在赞美
自尊心高的孩子时，将着重点放在"努力"上；而在赞
美自尊心低的孩子时，将着重点放在"能力"上。

通过这项实验，我们可以看出家长们的确在很努
力地尝试寻找孩子的长处。他们认为，赞美孩子的天赋
有助于孩子克服自卑感。然而，也有实验指出，这是无
效的。

美国社会心理学家卡罗尔·德韦克（Carol S.Dweck）
及其团队曾进行过这样一项实验。他们首先对某小学五
年级的学生进行了智力测试，然后根据结果将其分为 A、
B 两组。对 A 组学生强调赞美他们的"能力"，同时对 B
组学生强调赞美他们的"努力"。之后，要求孩子们选择
问题。其中一个问题更简单也更容易展现自身的聪明才

智，而一个问题更困难也更具有挑战性。令人惊讶的是，A组学生大部分选择了简单的问题，反而B组学生绝大多数（92%）选择了相对困难的问题。

之后，研究人员要求A、B两组学生都去处理一个相对棘手的问题。B组学生大部分都能够耐心地完成，而"有能力"的A组学生的大多数很快就放弃了。最后，研究人员又要求他们完成一个与最初测试难度相当的课题。结果显示，B组学生的平均成绩提高了30%，而A组学生的平均成绩下降了20%。

据研究团队分析，在能力方面受到称赞的学生，比起在努力方面受到称赞的学生，更关心自己是否能展现机敏的一面，而且一旦失败，也更容易失去活力。所以，A组学生的平均成绩下降了，而因努力得到认可的B组学生，却因为这样的赞美更加享受挑战的过程。

总之，无论如何，只有懂得努力的价值及其背后的意义，我们才能恒久怀揣着享受的心境去迎接新一轮的挑战。

如何提高孩子的自尊心

当孩子的成绩达不到预期时，很多父母会忍不住责骂他们。然而，持续这样的话，孩子很容易产生一些错误的想法，诸如："只有成绩好，我才能得到关爱。""只有成绩好，我才有价值。"也就是说，孩子的自尊心在一定程度上取决于成绩。在这种环境中长大的孩子，在小时候更善于根据父母和周围人的眼色行事，也因此经常担心不能得到他们的认可。

所以，如果想提高孩子的自尊心，请不要一味地强调结果，因为鼓励其努力的过程，远比赞美结果更重要。与满怀期待的赞美相比，包含信任的鼓励更能给孩子带来力量。

为什么铜牌得主比银牌得主更开心？

韩国有"堂兄买地也眼红"这样一句俗语。如今社交网络变得日常化，嫉妒别人也变得相当容易。因为我们每天能看到数百张照片，照片里的人比我们更富有，吃的美食比我们多，休假的地方也比我们去的地方美。美国心理学家莱昂·费斯汀格指出，团体中的个体具有将自己与他人进行比较，并以此确定自我价值的心理倾向。

铜牌得主笑得更开心的原因

美国心理学家维多利亚·梅德维克（Victoria Medvec）的研究小组分析了 1922 年巴塞罗那夏季奥运会获奖选手在颁奖仪式上的表情。当然，金牌得主们笑得最开心。然而，有意思的是铜奖得主比银奖得主更开心。那银牌不是比铜牌更好吗？为什么会这样？

梅德维克说："喜悦有时并不绝对取决于成绩，它更受与他人比较的影响。"银牌得主和金牌得主进行比较，会感到"可惜"，但是，铜牌得主和与奖牌失之交臂的第四名及更低名次的选手进行比较，则会满足于"差点儿就拿不到奖牌了，拿了铜牌真不错"。

心理学家和行动经济学家阿莫斯·特沃斯基（Amos Tversky）和丹尼尔·卡尼曼（Daniel Kahneman）曾针对"毫厘之差"进行了研究。银牌得主认为，自己因毫厘之差而与金牌失之交臂，而铜牌得主则认为自己以微弱的优势获得了奖牌。人们更执着于因毫厘之差而未得到的东西，而且对以后的行为举止，甚至自己的一生都会产生影响。费斯汀格和特沃斯基把这一现象称为"反事实思维"（Nearness Effect）。

曾有广告利用过人们的这种心理。1996 年，运动用品企业耐克因"你不是赢得了银牌，而是失去了金牌"这一挑衅性的广告而陷入争议。耐克公司解释说，只是想表达"再努力一些"，但是，大多数消费者反驳说："这是一个狭隘的广告，强调只有金牌才有意义。"

和他人比较的三种方式

广义上，比较分为三种。第一种是和自己相似的人比较——"类似比较"。比如，等待做手术的人会和做过类似手术的人一起消磨时间，把他们的经验和自己的情况进行比较。在不确定的情况下，通过和处于类似情况中的人进行比较，人们能够比较准确地把握自己的情况。

第二种是和不如自己的人比较——"下行比较"。铜牌得主和没有取得奖牌的人比较就是一种下行比较。据说，人们主要是在感受到威胁时才会进行下行比较。因为这样可以减少不安感。

第三种是和生活得比自己好的人比较——"上行比较"。人们在希望自己有所发展时会进行上行比较。他们通过和优秀的对象相比，以此激励奋斗的意志。

　　不过在上行比较时，需要注意：如果和十分优秀的对象比较，会认为自己十分欠缺，从而加深挫败感和抑郁。适当的比较会促进自身的发展，但是，如果凡事都与他人比较，反而容易陷入自卑当中。所以有时需要转换一下想法——幸好更坏的情况没有发生。不要因为没有抓住幸运的机会而忧郁，而是要想：幸好没有变得更不幸。这样，你就会拥有踏实感和积极的情绪了。我们经常对自己过分严苛。当不好的事情发生在自己身上时，人们会伤心地对自己说："本来可以做得更好的。"然而当不好的事情发生在别人身上时，我们则会宽容地对别人说："做成那样，已经很好了。"如果你想变得更幸福，不仅要对别人宽容，也要对自己宽容。

为什么穷人的孩子早当家？

有调查显示，小时候遭受过家庭暴力或极度贫困的孩子，在青少年时期更容易患上抑郁症。2015 年，阿瑟·詹森（Arthur Robert Jensen）等人对 494 名有过以上遭遇的 6 岁以下的幼儿进行追踪，并于约 20 年后发表了关于这些幼儿大脑断层的拍摄研究。这些人大脑内的情感调节系统和承担压力的部分体积减小，导致他们很容易感到不安和焦虑。

那么，小时候经历过苦难的孩子长大后都会变得不幸吗？心理学家艾米·沃纳（Emmy E. Werner）和露丝·史密斯（Ruth S.Smith）数十年来一直对这个问题进行研究。他们的研究结果通过延世大学的金洙焕教授广为流传。他们找到了夏威夷西北部地区小岛群中的可爱岛。20世纪50年代，这个小岛上的大部分居民都遭受着极端贫穷和疾病，酗酒和犯罪率也都远高于其他地区。1955年，艾米·沃纳和史密斯将可爱岛的833名新生儿作为研究对象，对他们30年来的生活状况进行追踪调查。这项调查的有效参加人数高达698人。调查结果显示，成长期遭遇重重困难的孩子，长大后也不能很好地适应学校和社会，他们或是滥用药物，或是患上了精神问题，抑或是走上了犯罪的道路。

但是，在追踪这些在极端环境下成长起来的201个孩子成长过程后，研究者发现了一群令他们感到惊讶的孩子。这些孩子都遭遇了家庭不和、父母中一人或两人嗜酒或者在有精神疾病的困难家庭中成长。但他们之中有1/3（27人）不仅学习成绩优异而且毫无非议，甚至还有的是美国大学儒学考试前10%的学生。他们和其他孩子一样经历过生活困难，但又比生活在普通环境下的孩子优秀。这1/3的孩子是怎么做到的呢？

患难之心

　　研究者们在"复原力"（Resilience）中找到了这些孩子在极度困难的环境中也能积极成长的力量。所谓"复原力"，在心理学中主要是指战胜困难和苦难的积极力量，也指适应不断变化的环境并把环境中的有利因素利用起来的能力。它可以简单地理解为"逆境中像皮球一样有弹性的内心力量"，也被称为"适应灵活性"。

　　研究者一致认为，"得到了温暖的关爱"是这72名孩子复原力突出的理由。根据每个孩子的不同情况，照顾他的那个人不论是父母、祖父母还是学校老师，最重要的事实是，即使只有一个人，只要给予孩子真心的爱，孩子的情绪就不会扭曲，反而会健康地成长，并且拥有过人的复原力。1955年参加沃纳和史密斯的可爱岛研究的人现在都60岁了。在这些实验参加者40岁时，研究者对他们进行了一次例行调查。从问卷调查结果上看，201名高危人群中，除前述复原力突出的72名以外，那些成人后接受良好的教育，或者参加宗教团体，又或者找到稳定的伴侣等遇到了新的飞跃和契机的人，现在都经营着比较稳定的生活。

相信自我的力量，自我效能感

克服逆境顺利长大的孩子除了复原力强之外，还有一个共同点，那就是"自我效能感"（Self efficacy）比别人高。所谓自我效能感是指相信自己有能力成功地完成任何事的自信程度。自我效能感高的人，即使身处逆境，也会相信："只要努力，就可以得到任何我想要的。"可爱岛的孩子们中有一部分有着从小背负养家糊口的经历，在负责生计的过程中，他们的自我效能感得到了提高，复原力也更为突出。

直到现在还在继续做可爱岛研究的姆库布宾（McCubbin）教授，认为复原力的养成是一系列成长的过程。也就是说，个人能从逆境中发现新的意义是很重要的。

现在的你有没有觉得心累？相信自己是一个有能力完成任何事的人！只要再忍耐一下，再努力一点儿，更美好的日子正在等着你！

为什么越担心失眠
就会越失眠？

最近，阿根廷科尔多瓦大学神经生理学系的埃夫林·科特拉教授的研究团队发布了一项有趣的实验结果：当你感到压力时，脑细胞就会减少。

从十几岁到二十几岁，如果压力过大，负责学习的脑细胞数量就会减少一半。如果从青少年时期就持续感受到压力，被称作"压力荷尔蒙"的皮质醇分泌量就会增加，从而削弱免疫系统，最终导致大脑中相当一部分的神经细胞死亡并消失。实验结果还表明，当人们上了年纪以后，类似青少年时期的压力也会导致记忆力下降和脑细胞老化。

如果感受到压力，会有什么症状呢？常见的身体症状有颈部周围肌肉硬化、心痛、眩晕感等。而且，消化不良的人还可能出现腹痛、便秘、腹泻等症状，还会因为免疫力下降出现感冒、气喘、鼻炎等症状。此外，心烦或是生气的情况也很常见，失眠或嗜睡的症状也会出现。如果出现类似症状，就要观察一下是不是压力过大了。

不吉利的话招致不吉利的结果

去咨询失眠问题的人经常会说这样一句话："要是今天晚上我还是睡不着，怎么办？"

如果你开始担心"今晚睡不着怎么办"，那么，实际上睡不着的概率就会更大。在心理学上，这种情况可以说是"自我实现预言（Self Fulfilling Prophecy）"发挥了作用。简单来说，也可以看作"一语成谶"。我们总是对还没有发生的事情进行预言"会变成这样""会变成那样"，如果我们经常想象"不好的事情会发生"，那么，不好的事情就会很容易发生。相反，如果我们心里祈祷好事发生，那么，也会有一个好的结果。

希腊时代生活着一位名叫皮格马利翁的雕刻家。这位雕刻家竭尽全力刻画了一个美丽的女人形象。皮格马利翁给这座比世上任何女人都要美丽的雕像起名为"加拉泰亚",并且深深地爱上了她。他把雕像当作真正的人一样倾注了自己所有的心血,终于他祈求爱神阿芙洛狄忒把加拉泰亚变成真正的人。阿芙洛狄忒被皮格马利翁的真心所感动,她为加拉泰亚赋予了生命,使她变成了人。根据这个神话中主人公的名字,人们把这种肯定性的期待和关心带来积极结果的现象称为"皮格马利翁效应(Pygmalion Effect)"。

打造抗压的身体

减轻压力不仅需要良好的心理管理,同时,也需要良好的身体管理。

最好保证七到八个小时的睡眠。睡眠不足会让我们白天犯困,而睡眠过多也会对我们的身心健康造成伤害。七八个小时左右的规律睡眠有助于缓解压力。

保证每天 30 分钟以上的运动量。每天运动 60 分钟,每周运动 5 天以上的青少年仅占 14%,这是远远不够的。

适当且规律的运动可以降低不安感和压力，促进像内啡肽等神经递质的分泌，使我们感到幸福，进而使我们的身体和心灵都保持健康。如果你对过量的运动感到有负担，那么，在前三个月，就从每天坚持步行 30 分钟开始。因为这样就能够给生活注入活力。

现在你知道"不行的"这种消极想法会加重压力了吧？晚上好好睡觉，白天活力满满，让我们尽量多往积极的方向想问题，一起摆脱压力吧！

治愈的写作

为什么写日记可以治愈不开心？

"叹人生，不如意事，十常八九"，如果把大大小小的不顺心的事全都放在心上，身体就会不舒服，甚至生病。所以这时候向朋友吐露心声会有所帮助。但是，也有不适合和朋友分享的事情，那么，你可以尝试不少于三天的"写作"，这也会对你平复心情有所帮助。

写作的效果

美国得克萨斯大学的詹姆斯·彭尼贝克教授及其

同事研究得出：当人感受到忧郁、愤怒、失望等负面情绪时，写作会对调节情绪有所帮助。作为"写作疗法"（Writing Therapy）领域的开创者，彭尼贝克曾在1977年的《情绪相关的写作疗效》的演讲中提道："写作后，去医院的次数减少了，身体免疫能力也增强了，学习成绩、工作业务能力也提高了。"

当你感到疲惫时，写作会帮你把压抑的感情释放出来，以此达到内心的平静，即"感情的净化"。当令你不愉快的记忆仍然残存时，写作会让你客观且沉着地审视曾经的遗憾与伤痛。通过写作，我们可以重现曾经美好的回忆。通过写作，我们可以释放压力，获得心灵上的安宁。

彭尼贝克也将"写作疗法"用于脑外伤后综合征患者的治疗。经历过自然灾害、战争、各种暴力和事故目击等事件的脑外伤后综合征患者经常会产生错觉，以为那些事件再次发生，从而陷入严重的不安。而通过"写作疗法"，他们的这些症状将会大大缓解。

感情写作方式

此时的写作和记录日常的"日记"自然不同。彭尼贝克的研究表明：只记录日常的经历并不会起到治疗作用。对于疲惫时的经历，只有具体地记录其事实关系，并且详细地描述当时的情感，才会有治疗效果。

2006 年，彭尼贝克和理查德·斯拉彻（Richard B.Slatcher）的一项研究表明：写作有助于维持恋爱关系。他们把 86 名恋爱中的美国大学生随机分为两组，让 A 组成员如实地把恋爱过程中遇到的困难写下来，让 B 组成员记录日常生活，并要求这两组学生连续三天进行每天 20 分钟的写作。三个月后，他们再来确认这些学生与其曾经的恋人是否还在交往。结果令人惊讶。A 组有 77% 的成员还在交往，而 B 组仅有 52% 的成员还在交往。B 组有近一半的恋人分手了。研究小组在获得情侣的同意后，对他们的实验信息进行分析，实验结束后 A 组成员更倾向于使用积极性质的单词。通过写作，双方如实地写下自己对某个问题的感受后，恋人之间的感情交流变得更加顺利。

当然，像写作业一样每天记录自己的情感状态也是没有必要的。研究表明：只要连续 3 ~ 4 天写作，就会有效果。彭尼贝克建议遵循"在必要的时候写作"这一原则。当生活因为过去的痛苦而变得艰难时，拿出纸与笔，写作吧！先确定一个不会妨碍他人的时间和地点。比如睡觉之前这个时间就不错。最少连续 3 ~ 4 天，每次进行 15 ~ 20 分钟的写作。如实地写下你正在经历的困难，担心的事情，以及对未来的期望。

用文章记录下自己面对困难时的情感，虽然一时会感到悲伤和不舒服，但这是本能的反应。这就像看悲伤的电影会流泪，但是过一会就没事了。写作也是，过了一段时间后，心情就恢复平静了。

写感谢日记

为什么这样做会变得幸福？

"我切身感受到，思维变化会引起行动和习惯的变化。"

"睁眼就会感到烦躁的我学会了感谢温暖的被子和枕头。"

"跟学生说感谢，学生也会在课堂上报以感谢和尊敬。"

这是大邱庆尚高中的师生们用三个月的时间写"感谢日记"所得出的感悟。

感谢日记就是记录日常生活中的感恩之心。科学证明，写感谢日记会变得更幸福。

2000年，心理学家罗伯特·埃蒙斯（Robert Emmons）的研究小组将参加大学健康心理学课程的学生分为三个小组，在参与实验的10周期间，他们每周记录一次与自己的感情、身体症状以及和健康相关的行动。一周过后，研究者让A组记录他们感谢过的事，让B组记录他们感到压力的事，让C组记录5件重要的事。结果，写感谢日记的A组学生普遍比另外两组学生对现在的生活感到满足，对未来的期望值也更大，想法也更加乐观。他们每天运动的时间也更多，身体也更健康。他们主要记录了朋友的帮助、感恩父母等。他们通过写感谢日记，重新回顾了来自身边人的各种帮助和关怀。这个实验虽然是2000年做的，当时并没有过多的介绍，但是后来通过一篇论文广为人知。

用正面情绪掩盖负面情绪

感谢日记和幸福感之间有什么关系呢？罗伯特·埃蒙斯和美国心理学者麦卡洛（M. E. McCullough）对美国157名大学生进行了研究调查，结果显示，写感谢日记的人能感受到正面积极的情绪，从而抵消负面消极的情绪。心理学者芭芭拉·弗雷德里克森（Barbara L. Fredrickson）指出："因为人们不能同时感受到正面情绪和负面情绪，所以如果他们脑海中浮现的正面情绪多，负面情绪就会相应地减少。"想一想，在实际生活中，我们同时感到幸福和气愤的情况并不多见，这句话也就很容易理解了。

1998 年，弗雷德里克森和莱文森（Levinson）给美国伯克利大学的 60 名学生看了一段 83 秒的视频。这些视频的内容让观众感到恐惧，其中包括人们挣扎着以免从高高的栏杆上摔下来的片段。看完这些视频的学生都感到不安，心跳加快，血压上升。接下来，研究人员分别给这些陷入不安的学生看了四段 100 秒的视频中的一段。他们给 A 组看的是快乐的视频，给 B 组看的是让人心情舒畅的视频，给 C 组看的是诱发悲伤感情的视频，给 D 组看的是不会诱发任何感情的视频。最后，测量各组学生的心跳和血压恢复到正常水平所需用的时间。哪一组的心跳和血压恢复得最快呢？自然是看快乐视频的 A 组和看让人心情舒畅的视频的 B 组。而恢复时间最长的则是受悲伤视频影响的 C 组。

通过这个实验，我们得知，对于不安、恐怖这样的负面情绪感知较强的人们，给予他们感知正面情绪的机会是非常重要的。一旦人们感知到了正面情绪，之前感受到的负面情绪所产生的影响就会减小。

越是感恩，幸福离你越近

心理学家称，随着开心和幸福等正面情绪的提升，人们应对压力的适应力也会增强。而这种逐步增强的适应力对于重新感知正面情绪大有裨益，最终使得人们的幸福感更强。越是感恩，越会产生积极的情绪，这种积极的情绪会进而让人忘记不好的情绪，也能使人们获得从压力中恢复的力量。这样幸福感就会自然而然地提高了。感谢日记就是一种使人想起感恩之事的代表性方法。

不如就从今天开始，每天记录三件值得感恩的事。它们不一定是十分特别的事情，也不用写得很详细。当然，更没必要把写作这件事当成负担。对于活着的每一天，感谢他人的辛勤工作就足够了。而一本让你怀抱感恩之心的感谢日记，将会让你成为一个更幸福的人。